泛流域水资源系统优化

——以南水北调西线工程为例

彭少明　张新海　王　煜
张　玫　李福生　　等著

黄河水利出版社
·郑州·

内 容 提 要

本书以泛流域水系统为对象、以水循环为科学基础、以泛流域的水资源合理调配为中心,研究多层次、多目标、群决策方法,在分析水资源配置系统复杂性及其复杂适应机制的基础上,构架全新的泛流域水资源调配系统分析和配置的模型、决策机制。以压力-状态-响应(PSR 法)为基本研究思路,预测区域经济社会发展对水资源的需求(压力),评价区域水系统安全(状态),提出与流域国民经济相协调的调水对策与分配方案(响应)。

本书可作为大专院校学生、研究人员以及水利技术人员的参考用书。

图书在版编目(CIP)数据

泛流域水资源系统优化/彭少明等著. —郑州:黄河
水利出版社,2013.7
ISBN 978-7-5509-0511-5

Ⅰ.①泛… Ⅱ.①彭… Ⅲ.①流域-水资源管理-
系统优化 Ⅳ.①TV213.4

中国版本图书馆 CIP 数据核字(2013)第 157323 号

组稿编辑:王路平   电话:0371-66022212   E-mail:hhslwlp@ 126. com

出 版 社:黄河水利出版社
        地址:河南省郑州市顺河路黄委会综合楼 14 层   邮政编码:450003
发行单位:黄河水利出版社
        发行部电话:0371-66026940、66020550、66028024、66022620(传真)
        E-mail:hhslcbs@ 126. com
承印单位:河南地质彩色印刷厂
开本:787 mm×1 092 mm   1/16
印张:11.75
字数:270 千字   印数:1—1 000
版次:2013 年 7 月第 1 版   印次:2013 年 7 月第 1 次印刷

定价:36.00 元

前　言

　　黄河流域是我国主要的粮食产区,粮食产量占全国粮食总产量的 12%;黄河流域矿产资源富集,煤炭、石油、天然气等储量占全国总储量的 60% 以上;黄河流域是华北和京津地区的重要生态屏障,对阻止沙漠东扩起关键作用。因此,黄河流域对于保障我国能源安全、粮食安全和生态安全具有十分重要的战略意义和不可替代的作用。

　　然而,由于黄河流域及西北地区水资源短缺,以及近年来在气候变化和人类活动双重影响下水资源量衰减显著(据全国水资源综合规划成果,1956 ~ 2000 年系列较 1919 ~ 1975 年系列黄河水资源量减少了 45 亿 m^3),生态环境不断恶化。水资源短缺成为制约区域经济发展的关键因素,严重影响了我国西部大开发战略的推进。

　　南水北调西线工程是实现我国水资源优化配置的战略举措。从中长期来看,跨流域调水是解决黄河及西北地区缺水、改善生态环境、支撑经济社会快速协调发展的根本途径,缓解黄河流域水资源的供需矛盾,减轻生态环境脆弱地区的环境压力,遏制水土流失、土地沙漠化发展的趋势,逐步实现人与自然的和谐相处。南水北调西线工程合理调水规模及其配置是一个涉及多水源、多地区、多目标、多用途的高维、跨学科、复杂的超大系统工程问题,需要做到全面规划、统筹调配,经济发展用水和河道生态环境用水并重,公平和效益兼顾,全面提高社会总福利水平和水资源可承载能力,因此开展对南水北调西线工程的水资源优化配置关键技术的研究具有十分重大的理论与现实意义。

　　本书是在"十一五"国家科技支撑计划重大项目"南水北调水资源综合配置关键技术研究"(2006BAB04A16)的子课题研究成果基础上的浓缩提炼,主要研究了西线工程的合理调水规模、调水时机以及调水量的合理分配等重大问题,在河川径流演变、水资源系统安全评价以及泛流域水资源系统优化问题等方面实现了一系列关键技术的创新,为南水北调西线工程的战略决策提供了科技支撑。

　　本书共分 9 章:第 1 章绪论,介绍了研究背景,国内外研究状况以及研究技术路线;第 2 章南水北调西线一期工程总体布局,介绍调水河流、河段以及工程的布局方案;第 3 章调水河流径流时空变化规律分析与预测,将最大熵谱法和小波分析方法结合运用于调水河流径流的周期规律识别,把灰色理论与自记忆模型理论相结合建立具有动力微分方程的预测模型,分析调水河流径流演变趋势;第 4 章调水河流的可调水量研究,基于对调水河流经济社会及生态环境的需求分析,提出各调水河流的最大可调水量;第 5 章黄河水资源供需形势,分析了未来不同时期、多种措施下黄河水资源供需形势和缺水状况,论证了南水北调西线工程合理生效时机;第 6 章区域水资源安全研究与受水区的选择,建立了水资源安全评价的压力-状态-响应(PSR)模型,评价了黄河流域各地区水资源安全状况,并在此基础上筛选了南水北调西线工程的受水区;第 7 章合理调水规模及其优化配置研究,将调水区域与受水区统一建立泛流域配置模型系统,研究求解方法,并提出了一套优化的调水规模和调水的优化配置方案;第 8 章基于 GIS 的黄河流域水资源配置决策支持系统设计与开发,利用交互决策模式,为泛流域水系统优化提供了支持工具;第9章研究结论与展望,系统地总结了本书研究的主要结论,并展望了跨流域调水系统研究的方向。

　　本书撰稿人如下:第1章由王煜、彭少明撰写,李福生校核;第2章由王煜、张新海撰写,张玫校核;第3章由王煜、彭少明撰写,张新海校核;第4章由张玫、彭少明、李福生撰写,王煜校核;第5章由张新海、王煜、彭少明、杨立彬撰写,张玫校核;第6章由彭少明、王煜、靖娟撰写,张新海校核;第7章由彭少明、王煜、靖娟撰写,张玫校核;第8章由王煜、程冀、张新海撰写,彭少明校核;第9章由彭少明、王煜撰写,张新海校核。全书由彭少明、张新海、王煜统稿。

　　本书的编写得到了中国水利水电科学研究院王浩院士,中国工程院陈志凯院士,黄河水利委员会副主任、总工程师薛松贵教授,黄河水利委员会原副主任、总工程师陈效国教授的指导,在此表示衷心的感谢。感谢在成书过程中,韩侠、李清杰、侯红雨、魏洪涛、陈红莉、周丽艳、赵麦换、付永锋、肖素君、杨国宪等同事所做的工作。向所有支持本书出版的单位及个人一并表示感谢!

　　由于南水北调西线工程范围广、泛流域水资源系统问题复杂,作者水平有限,加之时间仓促,对于泛流域水资源系统优化问题研究还不够深入,提出的理论方法还不尽完善,难免有所纰漏,敬请广大读者批评指正。

作　者

2012 年 9 月

目　录

第 1 章　绪　论

1.1　研究背景

黄河是我国西北、华北地区的重要水源。随着经济社会的迅速发展和西部大开发战略的全面实施,国民经济用水大量增加,黄河水资源供需矛盾日益突出。黄河正面临水资源短缺、洪水灾害加剧、生态环境恶化三大问题交织的严峻局面:

(1)水资源供需失衡,缺水断流日趋严重。黄河流域及其邻近地区对黄河的供水需求,远远超过了黄河水资源的承载能力,供需矛盾日益尖锐,国民经济用水大量挤占河道内生态环境用水,导致河道频繁断流、二级悬河日益加剧,水资源短缺已成为制约流域可持续发展的"瓶颈"。

(2)洪灾威胁依然存在,"小水大灾"特点凸显。黄河一向以洪水频繁、泥沙严重而闻名于世,虽然水资源贫乏,但暴雨集中,含沙量大,大量泥沙进入下游后不能全部输送入海,特别是河道断流的影响,造成河床淤积,河道过洪能力降低,形成了"小洪峰,高水位,大漫滩,大灾害"的不利局面。

(3)生态环境持续恶化。黄河流域生态环境恶化的问题,突出表现在上游宁蒙河段泥沙淤积、中游黄土高原地区的水土流失、干支流的水污染和下游断流引起的一系列生态问题。断流也使黄河三角洲湿地水环境条件失衡,严重威胁到湿地保护区的水生生物、野生植物的生存,导致生态环境系统的退化和生物多样性减少。同时,在河道内流量减小的情况下,水体自净能力降低,污染物在河道内大量积存,水质严重恶化。此外,黄河上中游段地处干旱、半干旱地区,水资源短缺,生态环境十分脆弱。由于长期以来人类过度开发利用自然资源,生态系统遭到严重破坏,并呈现恶化的趋势,土壤沙漠化、草场退化、荒漠面积扩大和土地盐渍化加重。

黄河具有以上三大问题,因此是世界上最复杂难治的河流。导致上述问题的根本性原因在于:黄河流域水资源匮乏,人类对水资源的开发利用超过了其承载能力,对水资源的不合理开发和过度利用导致了水资源系统功能的衰退。水资源短缺问题已经对维持黄河本体的健康生命和流域经济社会的可持续发展构成严重威胁。

南水北调西线工程是实现我国水资源优化配置的战略举措,是一项超大型的基础设施工程,是解决黄河及其邻近地区水资源严重短缺的一项不可替代的战略性工程措施。从中长期来看,实施跨流域调水,从水量丰沛的长江上游干支流调水入黄河是解决西北地区缺水、改善生态环境的根本途径,可以从一定程度上解决黄河水资源短缺问题,同时可协调东、中、西部经济社会发展对水资源的需求关系,遏制水土流失、土地沙漠化发展的趋势,减轻生态环境脆弱地区的环境压力,恢复天然植被,逐步实现人与自然的和谐相处,是支撑 21 世纪黄河流域可持续发展的根本措施。西线调水对于保证和促进华北与西北地区的经济发展、生态环境改善和社会稳定都具有十分重要的战略意义。

　　跨流域调水和水资源配置密不可分,水资源的持续高效利用和人类经济社会的发展息息相关。南水北调西线工程合理调水规模及其配置是一个涉及多水源、多地区、多目标、多用途的高维、跨学科、复杂的系统工程问题,需要做到全面规划、统筹调配,经济发展用水和河道生态环境用水并重,公平和效益兼顾,全面提高社会总福利水平和水资源可承载能力。因此,需要利用现代理论技术,研究泛流域水资源优化调配理论和方法,提出一套合理的调水规模和高效的水量配置方案,为复杂条件下的跨流域调水工程的规划、设计和管理提供科技支撑。

1.2　国内外跨流域调水工程概况

1.2.1　国外跨流域调水工程及其效果

　　跨流域调水工程是人类为了改善生存环境、发展经济而实施的改变水资源天然分布状态,解决产水和用水需求异地性矛盾,实现水资源在时间和空间上重新配置的工程调控措施。

　　据有关史料记载,跨流域调水工程的发展历史悠久,早在公元前 2400 年前古埃及兴建了世界上第一条跨流域调水工程,引尼罗河水灌溉沿线土地,发展为今埃塞俄比亚境内南部的灌溉和航运,促进了埃及文明的发展和繁荣。但直到 19 世纪中叶,才开始大量兴建跨流域调水工程,20 世纪 50 年代以来,国外实施了大规模的跨流域调水工程规划和建设,其中年调水量超过 10 亿 m^3 的大型跨流域调水工程就有 19 项。目前跨流域调水的项目几乎涉及世界各个地区,据不完全统计,国外已有 39 个国家建成了 345 项调水工程(不包括年调水量 1 000 万 m^3 以下的小型引水工程),调水量约 6 000 亿 m^3。由于国情、水资源条件的不同,国外调水工程的调水目标、调度运行方式、管理方式各异。下面介绍几个典型的国外调水工程:

　　(1)巴基斯坦西水东调工程,从印度河自流引水向巴基斯坦东部地区供水,共建 8 条输水渠,总长 622 km,输水流量 116 ~ 614 m^3/s,是目前世界上调水量最大的工程。

　　(2)美国中央河谷工程,从萨克拉门托流域引水,经 1 151 m 高扬程提水泵站,向圣华金三角洲地区供水,输水渠道总长 800 km,年调水量 37 亿 m^3,是最早建成的单级提水扬程最大(达 857 m)的跨流域调水工程。

　　(3)美国加利福尼亚州调水工程,从萨克拉门托河左岸支流费瑟河引水,经 7 级 22 座大型提水泵站(总扬程达 2 085 m)提水输送 1 318 km 至加州南部地区,是目前调水扬程最高、输水距离最长的跨流域调水工程。

　　(4)澳大利亚雪山调水工程,从雪山河向墨累河水系调水,利用自然落差建立水电站 7 座,总装机容量 375.6 万 kW,年发电量 50 亿 kW·h,是目前世界上装机容量最大的跨流域调水发电工程。

　　(5)秘鲁马赫斯-西瓜斯调水工程,建在安第斯山区,全部在海拔 3 600 ~ 4 200 m 的高原上施工,工程引水流量为 260 m³/s,灌溉干旱区耕地面积为 90 万亩❶,是迄今为止世界上已建的海拔最高的调水工程,开创了高山地区调水的先河。

(6)哈萨克斯坦额尔齐斯调水工程,年调水量 25 亿 m³,输水沿线有 22 级提水泵站共 26 座,总扬程 418 m,是目前世界上梯级泵站级数最多的大流量、低扬程跨流域调水工程。

(7)加拿大调水工程,在 20 世纪 50~90 年代加拿大实施了大量的调水工程。根据加拿大环境保护部门的资料,到 1985 年加拿大南方 9 个省共实施了 60 项调水工程,年总调水量为 1 410 亿 m³,其中 95% 的调水用于水力发电。

(8)德国巴伐利亚调水工程,以生态环保为主要目的,从阿尔特米尔河和多瑙河调水 1.5 亿 m³ 至雷格尼兹河和美因河。

(9)南非莱索托高原调水工程,跨莱索托和南非两国,调引莱索托国家境内 Senqu 河一半的水量送到南非 Vaal 河,工程于 2004 年 3 月竣工,年调水量 7.8 亿 m³,设计输水流量 28.5 m³/s,调水量占河道径流量的 74% 左右。

(10)利比亚人工运河工程,以地下水为调水水源,年调水量为 25 亿 m³,输水总干线长 4 500 km,现第一、二期工程已经结束,第三期正在施工之中。利比亚人工运河工程是世界上已建和在建的最长的管道调水工程。

(11)希腊雅典调水二期工程,因连续大旱,坝址处的最小下泄基流 1.0 m³/s,年调水量占坝址处径流量的 72%~85%。

跨流域调水工程在改善地区水资源状况、促进自然资源的合理开发利用、提高人类生存环境的质量、促进社会进步和经济发展等方面都有着不可替代的重要作用,工程调水不仅能促进人类的生存和发展,而且能带来巨大的社会、经济和生态环境效益。但跨流域调水人为地改变了地区水情,改变了原有的生态环境,打破了原有的生态平衡,因此跨流域调水存在双重的影响。

1.2.1.1　跨流域调水的有利影响

跨流域调水工程可改善缺水地区的生态状况和人类的自然生存环境,促进人与自然的和谐发展;提高抗旱和防洪能力,最大限度地减少灾害损失;改变缺水地区的经济结构,促进缺水地区的工业发展,从而增加工农业净产值。因此,跨流域调水的有利影响如下:

(1)调水能改善区域水资源供需形势。通过调入水量的补充,增加了受水区水资源可利用量,缓解了受水区水资源短缺的局面。

(2)调水有利于水循环。调水使受水区增加了广阔的水域,导致大气圈与含水层之间的垂直水气交换加强,增加地下水入渗和回灌,控制和防止地面沉降对环境的危害,有利于水循环。

(3)调水能形成湿地。调水长年形成的湿地,可净化污水和空气,汇集和储存水分,补偿调节江湖水量,调节气候,有助于形成食物链基地,为珍稀和濒危野生动物提供栖息的场所,保护生物多样性。

(4)调水能改善水质和环境。调水量增加,使径污比增高、水质控制条件趋于稳定,

❶　1 亩 =1/15 hm²,全书同。

改善水质,改善和美化生态环境,进一步促进休闲和旅游业的发展。

(5)调水灌溉有利于环境的良性循环。调水灌溉后,可以改变灌区的各种特性,如地形、地貌、水面、森林、农田、草地、土壤、植被、陆生生物、水生生物和城镇等,使生态环境朝有利的方向发展。

1.2.1.2　跨流域调水的不利影响

跨流域调水工程的一大特点就是水资源的再分配,调水区水资源量的减少会产生对生态环境和经济社会的不利影响,其主要不利影响如下:

(1)影响经济社会发展。调水使调水区水资源量减少,如果不能充分考虑调水区自身发展需求,经济社会发展用水量的减少会在一定程度上影响调水区发展,对调水河流河道的航运和发电影响尤为明显。

(2)影响调水区生态安全。调水致使调水区河道水量减少,如果影响河道内生态环境水量以及沿河湿地,将危及河道内及湿地生态系统稳定。

(3)淹没和移民问题。跨流域兴建的大型水库、输水渠道等工程,造成大范围的土地淹没和占压,移民被迫搬迁或重新安置,给安置区增加土地负担。

(4)水污染问题。调水工程的源头和沿线范围内会有许多污染源,如果处理不当,将会调来受污染的水,加剧受水地区的水污染程度。

(5)河口咸水入侵问题。在水量调出区的下游及河口地区,因下泄流量减少,如调度不当,将引起河口咸水倒灌,水质恶化,破坏下游及河口的生态环境。

1.2.2　国内跨流域调水工程概况

我国是世界上最早进行调水工程建设的国家之一,早在2 000多年前就建造了著名的都江堰、灵渠等。新中国成立以来,我国跨流域调水工程得到长足发展,为了解决缺水城市和地区的水资源紧张状况,我国修建了20座大型跨流域调水工程。

新中国成立后,我国跨流域调水工程的建设更加蓬勃发展,综合利用跨流域调水工程已达12处,居世界第3位,年调水量约156亿 m^3,其中最著名的跨流域调水工程有:南水北调工程、江苏省的江水北调工程、广东省的东深供水工程、引滦工程、引黄济青工程、引大入秦工程等。自20世纪70年代以来,我国不少城市发生了水危机,先后兴建了引碧入连(大连)、引滦入津(天津)、引黄济青(青岛)、引松入长(长春)、引黄入晋(山西)等调水工程,这些调水工程都以城市供水为主,在推动经济社会发展和生态环境建设方面发挥了重要作用,在运行调度管理方面积累了丰富的经验。

南水北调工程是实现我国水资源优化配置的战略举措,是一项超大型的基础设施工程,是解决京、津、华北地区、黄淮海平原和黄河上中游地区水资源严重短缺的一项不可替代的战略性工程措施。南水北调总体规划分东线、中线和西线三条调水线路。通过三条调水线路与长江、黄河、淮河和海河四大江河的联系,构成以"四横三纵"为主体的总体布局,实现我国水资源南北调配、东西互济的合理配置格局。2002年我国南水北调东线工程正式开工,这是目前全世界正在实施的最大规模的调水工程,也是我国实施跨流域调水的标志性工程。

1.2.2.1 东线工程

利用江苏省已有的江水北调工程,逐步扩大调水规模并延长输水线路。东线工程从长江下游扬州抽引长江水,利用京杭大运河及与其平行的河道逐级提水北送,并连接起调蓄作用的洪泽湖、骆马湖、南四湖、东平湖。出东平湖后分两路输水:一路向北,在位山附近经隧洞穿过黄河;另一路向东,通过胶东地区输水干线经济南输水到烟台、威海。

1.2.2.2 中线工程

从加坝扩容后的丹江口水库陶岔渠首闸引水,沿唐白河流域西侧过长江流域与淮河流域的分水岭方城垭口后,经黄淮海平原西部边缘,在郑州以西孤柏嘴处穿过黄河,继续沿京广铁路西侧北上,可基本自流到北京、天津。

1.2.2.3 西线工程

在长江上游通天河、支流雅砻江和大渡河上游筑坝建库,开凿穿过长江与黄河的分水岭巴颜喀拉山的输水隧洞,调长江水入黄河上游。西线工程的供水目标主要是解决涉及青、甘、宁、蒙、陕、晋等6省(自治区)黄河上中游地区和渭河关中平原的缺水问题。结合兴建黄河干流上的骨干水利枢纽工程,还可以向邻近黄河流域的甘肃河西走廊地区供水,必要时也可向黄河下游补水。

1.2.3 跨流域调水工程分类

跨流域调水工程按功能可以划分为以下六种类型:

(1)以航运为主体的跨流域调水工程,如中国古代的京杭大运河等。

(2)以灌溉为主的跨流域灌溉工程,如甘肃省的引大入秦工程等。

(3)以供水为主的跨流域供水工程,如山东省的引黄济青工程、广东省的东深供水工程等。

(4)以水电开发为主的跨流域水电开发工程,如澳大利亚的雪山工程、我国云南省的以礼河梯级水电站开发工程等。

(5)以除害为主要目的的跨流域分洪工程,如江苏、山东两省的沂沭泗水系供水东调南下工程等。

(6)跨流域综合开发利用工程,如中国南水北调工程和美国中央河谷工程等。

大型跨流域调水工程通常具有发电、供水、航运、灌溉、防洪、旅游及改善生态环境等目标和用途。

1.3 跨流域水资源优化配置研究进展

1.3.1 跨流域水资源优化研究进展

跨流域调水(Interbasin Water Transfer,IWT)是典型的大系统,结构复杂,涉及多水源、多地区、多目标、多用途的高维、跨学科、复杂的系统工程问题。

国外在跨流域调水方面做了大量研究,涉及跨流域调水的技术、经济、社会、法律和法规等方面。Grigg Neil 在《水资源管理原理、规则和实例》中全面介绍了水资源管理涉及的技术、理论、应用进展和现状,并通过具体实例阐述了水资源管理规划、设计中遇到的问题;LeMoigne G 就涉及跨流域调水的水市场建立和政策制定等方面进行了论述;Loomis论述了大型调水项目的环境影响评价理论和方法;在美国西部水资源管理委员会的报告《西部调水:效率、公平和环境》中全面论述了跨流域调水在调出、调入水资源方面产生的环境问题,如何公平处理水权,平衡各方利益,以及如何提高跨流域调水的效率。

国内许多专家及学者对跨流域调水的各个方面都进行了深入研究。刘昌明研究了跨流域调水对环境影响的过程,将其归纳为调水—改变河流原来的水文情势—自然环境变化—经济社会变化的模式,并以此分析、评价南水北调对生态环境的影响。柴国荣等从经济分析的角度,分析水资源的经济特点,结合南水北调中线工程,对水资源跨流域配置的市场供求、成本收益等资源经济学问题进行阐述,并对水资源跨流域配置的利益分配机制进行了探讨。赵建世等基于复杂适应系统理论,建立流域水资源系统整体模型,分析研究流域水资源管理和配置。模型将水资源系统中的水文、生产、生活、生态环境和管理制度等子系统的相互作用通过内生变量进行联接,提出了求解这个高维度非线性模型的嵌套遗传算法,并以南水北调西线工程的合理调水量及其边际效益分析为例进行了实证研究。冯耀龙等从跨流域调水的合理性分析入手,论证了合理确定调水量的问题是跨流域调水规划决策面临的核心问题,以水资源承载力为切入点分析跨流域调水合理性的思想,从水资源承载力分析的角度,提出了跨流域调水应遵循的几条原则,并通过模糊数学方法建立了各原则实现程度评价的隶属函数,给出了跨流域调水合理性评价的综合评价方法,最后以引滦入津跨流域调水系统为对象,分析评价了 2000 年度引滦入津调水量的合理性。王宏江研究了跨流域调水系统水资源承载力体系和水价、水市场、水质管理及核心枢纽优化调度问题,提出了区域水资源组成量与质统一描述的矩阵表达式,将水资源承载力运用到跨流域调水系统调水合理性的研究中,对跨流域调水系统进行优化调度,提出跨流域调水系统水环境质量管理模糊优化模型。

综上所述,当前水资源调配研究大多针对特定地区和(或)特定流域来开展,南水北调西线工程涉及长江、黄河、淮河、海河四大流域,其水量调配过程极其复杂,涉及众多水利工程,需研究调水与当地水资源之间以及水利工程之间的联合优化调度,以协调好系统内各地区、各部门之间的用水矛盾,促进系统内社会经济发展和生态环境恢复。

1.3.2　水资源安全研究进展

全球可利用的水资源有限,随着人口的增长,需水量的增加,人类活动的加剧,尤其是污染物排放量的增加等,21 世纪全球水资源面临的压力将逐渐增加。如何在满足可持续发展的条件下,保证水资源的安全,是水资源学研究面临的一个十分严峻又富有挑战性和方向性的问题。

在这种形势下,20 世纪 90 年代以后有关国际组织实施了一系列国际水科学计划,如国际水文计划、世界气候研究计划、国际地圈生物圈计划、全球能量与水分循环 21 世纪研究计划等,目的是从全球、区域和流域不同尺度和交叉学科途径,探讨环境变化下的水资源安全问题。另外,联合国环境规划署(UNEP)、联合国开发计划署(UNDP)、国际能源机构(IEA)、经济合作与发展组织(OECD)、世界银行(WB)、联合国粮食及农业组织

(FAO)、世界资源研究院(WRI)、美国未来资源研究所(RFF)等国际研究机构,都或多或少地对水资源安全给予关注。

2000 年 3 月,在荷兰海牙召开了"第二届世界水论坛及部长级会议"。会议主题是"水的安全:从洞察到行动"。全世界 140 多个国家的首脑或部长和 3 000 名科学家出席会议,指出 21 世纪水资源安全面临 7 个主要挑战:满足基本需求、保护生态、食品安全、水资源共享、处理灾害、水价值、科学管水。因此,水资源安全已经成为水资源研究的国家前沿热点,受到世界范围的注目。此次会议通过了关于 21 世纪确保水安全的《海牙宣言》,并制订了相关行动计划。

2006 年 3 月,21 世纪世界水资源委员会提出《世界水资源开发报告》,在研究方法上建立了全球水资源预测模型,其水资源安全研究的总体思路是对世界各个国家及地区的水资源量、水资源可利用量和人口进行预测,并根据人类生活和生产的人均、地均水量指标划分水资源的余缺程度分区,识别水资源危机区域,并提出相应对策。

我国的水资源安全研究起步略晚于国际同类研究,但发展迅速。自 1980 年以来,华北地区持续出现干旱与缺水危机,推动了我国水资源科学研究工作的发展。在"六五"期间设立了"华北地区水资源评价"项目;在"七五"期间设立了"华北地区及山西能源基地水资源研究"项目;在"八五"期间设立了"黄河治理与水资源研究"项目;在"九五"期间设立了"西北地区水资源合理开发利用与生态环境保护研究"和"黄河中下游水资源开发利用及河道清淤关键技术研究"项目等,进一步将水资源开发利用与区域经济发展和生态环境保护结合起来;"十一五"国家科技支撑计划项目"黄河流域生态修复关键技术研究"以及国家重大基础科学研究计划(973 项目)设立的"黄河流域水资源演化与可再生性维持机制"项目系统分析了黄河流域水资源问题,并提出水资源合理调控和生态修复的对策。以上项目,虽然主要是研究水资源的开发利用,但也从不同方面涉及了水资源安全问题。

从 20 世纪 80 年代到 2008 年先后完成了全国第一次与第二次水资源评价工作,摸清了我国水资源的家底与基本变化情势;在应用基础研究方面,提出了"四水"转化规律,揭示了地表水资源量和地下水资源量之间的内在联系,明确了水资源形成与演化的机制及其在空间和时间上的变化规律;在应用上则是根据"四水"转化规律提出了地表水和地下水补偿调节的概念、方法与模型,对缓解缺水地区的工农业用水矛盾起到了很大的推动作用。接着,提出了基于宏观经济的区域水资源优化配置理论与方法,揭示了近期与远期之间、有关地区之间、区域发展的诸目标之间、水资源需求与供给之间、水量与水质之间的基本规律,为需水管理、供水管理、水质管理和水价管理中有关政策的制定提供了依据。进而,针对我国西北内陆干旱区的特点,注意到突出水资源开发利用过程中的生态环境保护问题,从经济与水的关系研究拓展为经济、生态环境与水的相互关系研究。在应用基础方面则致力于与水有关的生态环境问题、考虑经济发展与生态环境保护条件下的水资源合理配置方法、干旱内陆区水资源承载能力计算方法等问题研究,开展了水资源开发利用过程中的生态环境保护及经济发展问题研究等,有力地推动了我国水资源安全研究的深入开展。

1.4　研究技术路线

基于跨流域调水的泛流域水资源系统是一个极其复杂的巨型系统,调水的合理配置要求在宏观层面上协调调水河流与受水河流之间、流域经济与生态之间、区域与区域之间的用水需求,在微观层面上协调区域内城市与农村、不同水源、不同行业、不同配置措施之间的关系,因此要求所构建的模型既能实现跨流域调水工程水资源配置中多目标、层次化和群决策的方案优选,又能实现整体优化下局部模拟和优化。

以压力-状态-响应(PSR法)为基本研究思路,通过预测区域经济社会发展对水资源的需求(压力),进行区域水系统安全评价(状态),提出与流域国民经济相协调的调水对策与分配方案(响应)。

(1)基于水资源安全理论,开展南水北调西线工程调水时机选择、受水范围与调水量优化配置的研究,确定供水目标与受水范围,并研究确定西线调水复杂大系统的优化理论、技术、方法,提出调水的配置方案。

研究以区域水安全系统危机为对象,分析、界定水安全系统危机的内涵与外延,综合考虑水量、水质、生态环境的可生存性及经济社会的可持续等方面,深入探讨区域水安全系统危机的诱发、传播及调控机制,构建区域水安全系统危机的早期诊断与临界预警理论框架、分析方法、指标和模型体系。

将区域水安全系统危机的诊断技术用于流域水危机识别,从中划定出或圈定受水区范围,并针对危机的诱发因子,从区域水安全系统危机的预防、规避、综合调控的角度,提出西线调水的供水目标。从水系统安全的角度提出西线调水的适宜时机,为西线供水目标及受水区的确定提供决策方法和技术支持。

西线工程供水既要解决西部民族地区经济社会发展及生态环境改善用水需求,也要兼顾黄河干流河道内的生态环境,不仅是单纯的效率和效益问题,还涉及公平、伦理问题,利用系统科学研究最新成果,综合运用模拟、协同、优化、系统仿真等系统工程理论与方法,通过伦理、效益经济原理和生态环境的研究,建立融合伦理、效益与生态的西线调水分配的综合模式,以协调好系统内各地区、各部门之间的用水矛盾,实现调水经济效益和社会福利总量的最大化。

(2)分析水源区经济社会及生态环境用水需求,开展水源区适宜调水量的研究。针对西线工程调出区河流来水的随机性、受水区需水的不确定性,建立联系调出区和受水区的泛流域水系统多维尺度时空优化配置模型,采用动态调节机制,求解能否调水、调多少水、调水如何分配等方面问题,从调水区和受水区双向需求研究复杂调水系统的适宜时机、调水量以及水量调配方案,协调泛流域水资源的配置、开发、利用、节约和保护,为西线工程的水量调配研究提供完整的框架体系。

以泛流域水系统为对象、以水循环为科学基础、以泛流域的水资源合理调配为中心,研究多层次、多目标、群决策方法,在分析水资源配置系统复杂性及其复杂适应机制的基础上,构架全新的跨泛流域水资源调配系统分析模型、决策机制。

针对黄河水资源分布及其特征,结合西线调水研究成果,从宏观、中观和微观三个层面系统地研究实现水资源合理配置的目标、对策和措施。

　　在宏观层面上,以流域经济、社会发展及生态与环境保护对水资源的需求为前提,以水资源、环境的可承载能力为限度,通过对流域水资源的重新分配,解决黄河流域水资源分布不平衡和社会经济发展布局不协调的矛盾。在中观层面上,在区域水资源系统中,合理分配农业用水、工业用水、城镇生活用水、生态用水,实现水资源合理配置。从供水与需水矛盾的关键环节入手,通过地表水的蓄、引、提工程,地下水开发,田间设施与污水处理以及跨流域调水等工程措施,调配利用好各种水源,提高供水能力和供水保证率,建立节水型社会,调整生产力布局和产业结构,逐步恢复和增加生态用水。在微观需水层面上,研究和实施各种开源和节水措施,运用水价的经济杠杆作用,抑制需水增长,使供需关系逐步协调,相互匹配。

　　针对南水北调西线调水配置的实际需求,在以"优化-模拟-配置"为基本环节的跨流域调水水量配置三层总控结构框架下,运用大系统多目标群决策理论,构建多层次、多准则自适应水量配置模型,协调水资源的配置、开发、利用、节约和保护,提出基于西线调水的黄河流域水资源可持续利用模式。南水北调西线工程调水规模和配置的研究技术路线见图1-1。

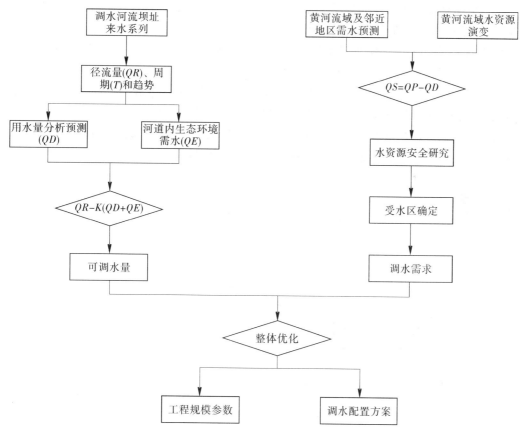

QS—区域缺水量;QP—区域可供水量;QD—区域需水量;QR—水源区河川径流量;
QE—河道内生态环境需水量;K—水资源安全系数

图1-1　南水北调西线工程调水规模和配置的研究技术路线

第 2 章　南水北调西线一期工程总体布局

2.1　调水河流及调水河段

根据多年的研究,南水北调西线一期工程的主要调水河流为雅砻江干流,雅砻江支流达曲、泥曲,大渡河支流色曲、杜柯河、玛柯河、阿柯河。

雅砻江、大渡河流域距离黄河较近的河流从远到近依次为雅砻江干流、达曲、泥曲、色曲、杜柯河、玛柯河和阿柯河,各河流大体均匀分布,为输水线路的布置提供了较好的地形条件,输水线路可沿程调引这些河流的水量,并利用这些河流对穿越分水岭的输水隧洞进行自然分段。

各调水河流调水河段的选择主要考虑了河床高程、与受水河段的距离以及河段径流量等因素,各调水河流近于平行、高程差别大以及入黄口位置相对确定等特点,决定了调水河段的选择范围不大,考虑输水线路尽量与各调水河段、受水河段正交分布,初选各调水河流调水河段见图 2-1 和表 2-1。

由表 2-1 可见,7 条调水河流各调水河段中,雅砻江干流水量最多,但是距离受水河段最远,阿柯河距离受水河段最近,但水量较少。除色曲外,其余河流调水河段与受水河段高程差别不大。这些特点决定了为满足自流输送较大的水量入黄,南水北调西线一期调水工程输水线路必然要修建高坝和长隧洞,且工程规模较大。

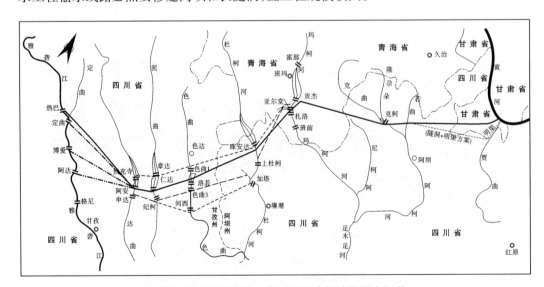

图 2-1　南水北调西线一期工程调水河流及调水河段

表 2-1 南水北调西线一期工程调水河段与受水河段关系

调水河流		调水河段	河段特征		与受水河段(贾曲河口)的关系	
			径流量 (亿 m³)	河床高程 (m)	平面直线距离 (km)	高差 (m)
雅砻江	干流	仁青里—甘孜	60.7 ~ 78.5	3 615 ~ 3 330	260 ~ 280	170 ~ -110
	达曲	然充—东谷	10 ~ 11.6	3 630 ~ 3 580	230 ~ 260	190 ~ 140
	泥曲	章达—泥巴沟	11.3 ~ 13.2	3 630 ~ 3 550	220 ~ 230	190 ~ 110
大渡河	色曲	色达—河西寺	3.5 ~ 5.5	3 880 ~ 3 600	200 ~ 210	440 ~ 160
	杜柯河	年弄—壤塘	7.5 ~ 18.5	3 660 ~ 3 400	150 ~ 160	220 ~ -40
	玛柯河	霍那—则曲口	11.0 ~ 58.6	3 540 ~ 3 130	100 ~ 110	100 ~ -310
	阿柯河	克柯—阿坝	5.7 ~ 9.9	3 480 ~ 3 300	60 ~ 80	40 ~ -140

从雅砻江、大渡河与黄河的相互关系来看,黄河上游距离雅砻江、大渡河最近的河段为支流阿柯河河口—贾曲河口之间河段,河流走向与雅砻江、大渡河上游水系走向一致,均为西北—东南方向。贾曲河口以下黄河干流转为东北走向,与调水河流基本呈垂直方向,距离调水河流越来越远,并进入若尔盖盆地,地势平缓,高程下降缓慢。

阿柯河河口与贾曲河口高程相差 106 m,贾曲河口高程较低,约 3 442 m,有利于布置自流输水线路,降低隧洞规模,且距离调水河流也较近。因此,输水线路入黄口位置选择在贾曲河口附近比较适宜。

从各调水河段与受水河段的关系分析,雅砻江干流、杜柯河、玛柯河和阿柯河高程相对较低,其中以玛柯河高程最低,对输水线路总布置影响最大。雅砻江干流河段距离黄河最远,考虑输水隧洞比降等因素后,若实现自流引水,水源水库坝较高,也是影响工程总布置的关键因素之一。达曲、泥曲、色曲各调水河段高程高于受水河段,有利于自流输水线路的布设,但是,由于色曲高程比其他河段高程高很多,为控制线路长度,输水线路需从坝下经过,不利于隧洞的自然分段。

根据调水河段与受水河段的关系,雅砻江干流和玛柯河引水坝址的选择对工程总布置的影响是研究的重点。

2.2 工程总布置

西线一期工程涉及多条调水河流,工程总布置需按照系统的观点、总体最优的原则,进行多方案比选。考虑的原则主要有以下几点:

(1)调水线路布设范围内的地形、地质条件相对较好,无影响调水工程布置的制约性地质问题。

(2)充分考虑水源条件以及工程所涉及的经济、社会、环境等问题,方案布置和比选与调出区经济社会发展和生态环境保护相结合,尽可能减少调水影响。

（3）尽量利用支流河道，减少输水线路长度，增加隧洞自然分段，降低枢纽工程坝高，减少工程设计、降低施工难度、减小工程规模和投资。

（4）工程总体布置方案的比选要在总体最优的基础上，考虑受水区不同时期的用水需求以及工程建设规模，为工程分步实施创造条件。

西线一期工程位于青藏高原，地形地质、经济社会、生态环境等问题特殊，而且输水线路涉及多条调水河流、多个水源水库以及多段输水隧洞的联结，工程总布置方案的比选具有一定的复杂性。方案研究思路为：首先，根据地形、地质、水文、环境等条件，在各调水河段内选择适宜的引水坝址；其次，对可能的输水线路进行布设，研究各种布置方案的地形地质条件、可调水量、工程规模、调水影响、施工条件、技术经济指标等因素，综合比选，提出技术可行、经济合理的具有代表性的工程总布置方案。

2.2.1　引水坝址的选择

引水坝址选择考虑的因素主要有：一是要有足够的径流量，二是要有较好的地形地质条件，三是坝高要适中，四是调水影响小，五是有利于输水线路布置。在规划推荐坝址的基础上，作进一步比选。

雅砻江干流调水河段初选了 5 个引水坝址，分别为热巴、定曲、博爱、阿达、格尼，最上游的热巴坝址和最下游的格尼坝址相距 76 km，坝址高程相差 140 m，水量相差 17.8 亿 m^3，综合比较，推荐阿达、热巴坝址作为进一步比选坝址；达曲调水河段初选 3 个引水坝址，分别为然充寺、阿安、申达，最上游的然充寺坝址和最下游的申达坝址相距 13 km，坝址高程相差 47 m，水量相差 0.46 亿 m^3；泥曲调水河段初选 3 个坝址，分别为章达、仁达、纪柯，最上游的章达坝址和最下游的纪柯坝址相距 23 km，坝址高程相差 76 m，水量相差 1.9 亿 m^3；色曲调水河段初选 5 个坝址，分别为色曲 1、洛若、色曲 2、色曲 3、河西，最上游的色曲 1 坝址和最下游的河西坝址相距 25 km，坝址高程相差 197 m，水量相差 1.93 亿 m^3；杜柯河调水河段初选 3 个坝址，分别为珠安达、上杜柯、加塔，最上游的珠安达坝址和最下游的加塔坝址相距 31 km，坝址高程相差 118 m，水量相差 1.95 亿 m^3；玛柯河在各调水河段中河床最低，初选霍那、贡杰、亚尔堂、扎洛、班前共 5 个坝址，最上游的霍那坝址和最下游的班前坝址相距 60 km，坝址高程相差 195 m，水量相差 3.4 亿 m^3；阿柯河调水河段距离黄河最近，引水坝址可选范围较小，初选克柯、克柯 1、克柯 2、克柯 3 四个坝址，最上游的克柯坝址和最下游的克柯 3 坝址相距仅 3.8 km，高程相差 10 m，水量相差仅 0.38 亿 m^3。

经综合比选，工程推荐坝址为：雅砻江干流热巴坝址、达曲阿安坝址、泥曲仁达坝址、色曲洛若坝址、杜柯河珠安达坝址、玛柯河霍那坝址、阿柯河克柯 2 坝址。

2.2.2　输水线路的确定

总布置方案研究中，以各调水河流推荐的引水坝址为重点，进行各种可能的输水线路布置。

各调水河流与受水河段的关系，决定了输水线路布置的范围不大。对于选定的引水坝址，输水线路的可选范围沿雅砻江干流上下游约 70 km，沿玛柯河上下游约 50 km，其他河流可选范围一般均小于 10 km。雅砻江干流水量最多、坝段最长、输水距离最长、淹没损失最大,对工程总布置影响最大,是输水线路方案比选的重点。玛柯河涉及班玛县城淹没问题,坝段也比较长,输水线路的比选也需要重点考虑。因此,在输水线路分析中,对雅砻江干流—达曲、杜柯河—玛柯河—阿柯河两段线路的布设,进行了重点分析。

西线一期工程 7 条调水河流、不同坝址,可组合形成多种不同的输水线路,经众多可能方案的研究比选,并对初选方案进行深入的勘测、设计及方案布设,开展了对明流与压力流引水、库洞并联与串联、局部抽水、单双洞引水、全隧洞与明渠、跨玛柯河方式、隧洞衬砌形式、引水枢纽坝型比较等方面的研究,从地形、地质、技术、经济、社会、环境等方面,综合比选,推荐了雅砻江干流、玛柯河为上坝址和下坝址两种有代表性的总布置方案。

第 3 章　调水河流径流时空变化规律分析与预测

　　河川径流量作为水资源最主要的来源,是支撑社会、经济、生态环境和人类社会可持续发展的基础。近几十年来,河川径流的形成受到人类活动和全球气候变化的双重影响:全球各流域的河川径流量受到全球气候变化和人类活动的影响,出现了不同程度的增大或减少的趋势,水旱灾害日益频繁和加剧,与此相对应,以河川径流为载体的经济、社会和生态环境发展指标随着河川径流时空分布的变化也发生了动态改变。

　　研究河川径流的变化规律可为水资源综合开发利用、科学管理、优化调度提供最重要的依据。因此,研究河流的径流演变规律和趋势对合理确定调出区河流的水资源规划方案和最优调水量具有十分重要的意义。

3.1　调水河流概况

3.1.1　雅砻江流域

　　雅砻江是长江宜宾以上最大支流,发源于青海省巴颜喀拉山南麓,自西北向东南流至呷依寺后进入四川境内,大抵由北向南经甘孜、凉山两州,于攀枝花市汇入金沙江。雅砻江干流全长 1 637 km,总落差 4 420 m,流域面积 12.84 万 km²,河口处多年平均径流量 600.37 亿 m³。

　　雅砻江流域地处青藏高原东南部,介于金沙江和大渡河之间,整个流域为南北长约 950 km,东西平均宽 135 km 的狭长地带。河源为高原丘陵地貌,河道宽浅,多湖泊和沼泽,植被稀疏,温波以下逐渐过渡到山原地貌,岭、谷高差加大,多险滩急流,河谷变窄,滩地、阶地发育,植被增加;甘孜以下逐步进入横断山脉区,山高谷深,河道较窄,植被茂盛;河道下游为低山丘陵区,河谷开敞,河道平缓。按地貌特征划分,雅砻江甘孜以上为上游,甘孜至大河湾为中游,大河湾以下为下游。

　　鲜水河为雅砻江左岸面积最大的一级支流,于雅江县汇入雅砻江,面积 1.93 万 km²,水量 63.7 亿 m³。达曲和泥曲位于鲜水河上游,源头区均为丘状高原地貌,地势相对平缓,河谷开阔,多为草原宽谷;泥曲中下游基本上仍为丘状高原,但河谷逐渐切割变深,河岸两侧无河滩发育,局部缓坡上分布有居民和农田。达曲河道在朱倭段以下地貌由丘状高原变为剥蚀山间盆地与宽谷,河谷较宽,一般在 50 ~ 200 m,河谷平坦处的河岸两侧有河滩地,沼泽发育,大部分河滩地已开发为农田;鲜水河炉霍县城至道孚县城河段的地貌与达曲下游类似,为剥蚀山间盆地与宽谷,河谷宽度大部分在几百米到 1 km,河岸两侧有河漫滩,沼泽发育。

3.1.2　大渡河流域

大渡河是金沙江左岸岷江的最大支流,发源于青海省境内的果洛山东南麓,分东、西两源,东源为足木足河,西源为绰斯甲河,以东源为主流。两源于双江口汇合后,由北向南至石棉折向东流,在草鞋渡与青衣江相汇,于乐山市城南汇入岷江,岷江又于宜宾市汇入长江干流。大渡河干流全长 1 062 km,天然落差 4 175 m,流域面积 7.74 万 km²(不包括青衣江),河口处多年平均径流量 475.53 亿 m³。

大渡河流域横跨青藏高原东南边缘及四川盆地西部边缘,源头与黄河分别处于巴颜喀拉山南北两侧,方向几乎垂直。该流域总的趋势是西北高,东南低,四周为崇山峻岭所包围。它的上游河源区为高山高原地貌,其余为高山峡谷区,区域被草原、草甸及森林所覆盖,林业较为发达;中游为川西南山地,上中游河段地势高耸,河流深切、狭窄,河道顺直,水流湍急,支流水系呈羽状;下游处于四川盆地丘陵地带,河道蜿蜒曲折,河谷宽阔,沙地发育,河口处有宽谷汊流。以地貌特征来划分,大渡河泸定以上为上游,其中双江口以上为河源区,泸定到铜街子为中游,铜街子以下为下游。

绰斯甲河雄拉以上分色曲、杜柯河两条支流,其中以杜柯河为主。足木足河也在斜尔尕以上分为两支,西支为玛柯河,东支为阿柯河。阿柯河全河和玛柯河、杜柯河以及色曲上游段属高原丘陵草原,河道在平坦开阔的谷地流淌,蜿蜒曲折,形态宽而浅,一般情况下水面宽度在 5 ~ 80 m;玛柯河和杜柯河下游段为峡谷河道,河道下切,形态深而窄,水面宽度一般在 30 ~ 50 m,水流较急;足木足河和绰斯甲河在高山之间的峡谷内流淌,河道下切更深,水面宽度一般在 50 ~ 80 m,多见急流险滩。

3.2　调水坝址河川径流系列特征分析

3.2.1　调水坝址径流系列特征

雅砻江、大渡河干支流现有主要水文测站 18 个,多建于 20 世纪 50 年代中、后期,观测资料有 40 多年。为满足南水北调西线工程论证工作的需要,从 1992 年开始,7 个调水河流调水河段设置了 6 个专用水文站,其中雅砻江温波站已有 16 年实测资料(截至 2007 年 12 月,下同),最短年限的阿柯河安斗水文站也有 5 年实测水文资料。

南水北调西线一期工程区附近的甘孜、道孚、绰斯甲、足木足 4 站均为国家基本水文站,为 20 世纪 50 年代中、后期设置,至今已连续观测近 50 年,是南水北调西线一期工程坝址径流分析的重要参证站。这 4 站总控制流域面积为 8.21 万 km²,1960 年 1 月至 2005 年 12 月多年平均河川径流量为 264.81 亿 m³。

根据参证站长系列径流资料分析,南水北调西线一期工程各调水河流河川径流具有以下特性:

(1)各调水河流径流的组成主要来源于大气降水,并有季节性融雪补给。一般 11 月至次年 3 月为枯水期,降水稀少,以降雪为主,径流主要由地下水补给;4 ~ 5 月为枯水到丰水的过渡期,径流由融雪及春季降雨补给;6 ~ 10 月为丰水期(汛期),以降雨为主,是全年径流的主要形成期。

（2）径流年内分配集中。径流的年内分配与降水的年内分配基本一致，汛期6～10月径流量占年径流量的比例高达72.4%～75.2%；枯水期11月至次年3月径流量占年径流量的比例仅为13.3%～16.4%；过渡期4～5月径流量占年径流量的比例在11%左右。

（3）各调水河流从河源向下游径流模数呈递增变化。各河流河源处为高原丘陵地貌，地势开阔、平缓，植被稀疏，产汇流条件相对较差。由河源向下游发展，逐步过渡到山原地貌，产汇流条件明显改善，加上降雨量的沿程增加，径流模数、径流系数也沿程增大。

（4）各调水河流径流量的年际变化相对不大，变差系数在0.2左右。调水河流自河源向下游，随着集水面积的增大，径流量的变化趋于稳定均匀，最大年径流与最小年径流的比值及变差系数 C_v 值向下游沿程减小。

3.2.2 调水坝址径流系列及径流量

3.2.2.1 各参证站年径流资料的可靠性

西线一期工程各调水河流河川径流分析涉及的参证站主要包括雅砻江干流甘孜站，雅砻江支流鲜水河的朱巴站、道孚站，大渡河支流足木足河的足木足站以及绰斯甲河的绰斯甲站等。以上各水文站均属国家基本水文站，其实测流量资料均经过四川省水文水资源勘测局汇总整编，并正式刊印。另外，还先后委托四川省水文水资源勘测局对上述各水文站的实测水位、流量资料进行了全面复核，并对缺测年份的流量资料进行了插补，已通过专家审查验收。本次径流分析计算所采用的参证站径流资料是可靠的。

对于专用水文站，各站均由有资质的专业水文勘测单位负责设置、观测，观测资料经省级水文部门整编验收，成果质量可靠，数据精度满足工程设计需要。

3.2.2.2 各参证站年径流资料的一致性

甘孜、朱巴、朱倭、道孚、足木足和绰斯甲等参证站，以及各专用水文站均位于高原山区，靠近河流的河源区，不同时期下垫面条件基本一致，且该地区水利设施较少，工农业开发程度较低，人类活动影响较小，径流成因较为一致。因此，各站径流资料具有较高的一致性，基本为天然径流系列。

3.2.2.3 各参证站年径流资料的代表性

甘孜、道孚、朱巴、绰斯甲和足木足等参证站有44～48年实测径流资料，从图3-1各参证站的差积曲线看出，各站的丰枯变化具有一定的丰枯周期变化规律，系列包含了多个丰、平、枯时段，有1967～1973年的连续枯水段，也有1960～1966年的平偏丰时段，各站最丰年份不同，但最枯年均为2002年。从各参证站系列的统计参数看，采用的均值、变差系数 C_v 值已趋于稳定。

综合上述分析，各参证站径流系列资料可靠、基本一致，具有较好的代表性，能够满足调水工程设计系列对参证站的要求。

为保持径流系列的一致性，各调水坝址径流系列均采用1960年6月至2005年5月45年水文系列。由于各调水坝址处实测径流资料较少，本次根据专用水文站及相关参证站资料情况，采用了面积指数法、相关分析法、丰枯类比法及水文模型模拟法等多种方法推求调水坝址的多年平均径流量，各引水河段均采用月径流相关法计算成果作为推荐成果。各坝址设计径流系列年径流量计算结果见表 3-1。

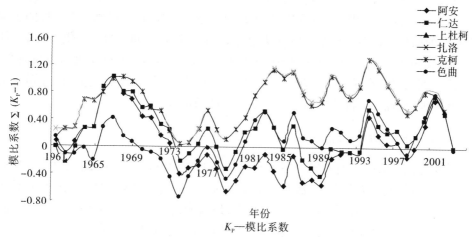

图 3-1 调水坝址径流系列的模比差积曲线

表 3-1 调出区各河流的径流特征

调水河流		站名	时间段	多年平均 径流量 （亿 m³）	汛期 径流量 （亿 m³）	非汛期 径流量 （亿 m³）	汛期 最小流量 （m³/s）	非汛期 最小流量 （m³/s）
雅砻江	干流	热巴	1960～2004 年	60.72	44.48	16.24	23.81	10.81
	达曲	阿安	1960～2004 年	10.01	7.54	2.47	3.62	1.49
	泥曲	仁达	1960～2004 年	11.49	8.91	2.58	3.88	1.39
大渡河	色曲	洛若	1960～2004 年	4.11	3.24	0.87	1.30	0.52
	杜柯河	珠安达	1960～2004 年	14.44	11.52	2.92	4.33	1.79
	玛柯河	霍那	1960～2004 年	11.08	8.51	2.57	3.53	1.52
	阿柯河	克柯 2	1960～2004 年	6.06	4.82	1.24	1.64	0.73

3.3 调水坝址径流的变化周期研究

水文序列变化通常具有确定性和随机性的双重特征,在二者的作用下径流波动强烈。确定性主要表现在序列的周期和趋势性的变化,可以通过周期识别和趋势分析来认识。

3.3.1 周期项的识别与提取

水文序列通常表现为高频波动的特征。对含有高频随机波动成分的时间序列,不能单独追求拟合优度,否则会将一些高频随机波动误作为周期成分,从而导致预测精度的降低。因此,周期项的识别是提高预测精度的关键,在周期成分识别中,最重要的问题是估

计显著谐波的个数 d。目前,估计显著谐波个数 d 的方法主要有周期图法、方差谱密度图法,然而这些方法都存在某些缺陷,如不能处理周期的位相突变、分辨率不高或方差性能不好等。作为随机系列周期分析方法,最大熵谱通过频谱分析,可以确定全局性的主次周期,反映序列的整体特性。小波变换方法通过时频局部分析,进一步"细化"序列局部的多时段尺度的强弱,能得到整个序列不同时间尺度的分布情况、径流变化趋势和突变点。根据西线一期工程调水河流 7 个坝址(1960~2004 年)45 年径流系列资料,分别采用最大熵谱和小波分析法,分析调出区 7 个坝址径流的随机特性。

3.3.2 最大熵谱分析方法

谱分析方法把时间序列看成是多种不同频率的规则波(正弦波或余弦波)叠加而成的,比较不同频率波的方差大小,从而找出波动的主要周期。水文时间序列谱分析的主要方法有功率谱法、最大熵谱分析方法等。其中,最大熵谱分析方法具有突出的分辨能力,峰值偏离小,提取的主次周期更符合实际。熵谱是以信息论中熵的概念为基础进行的谱估计。

熵(Entropy)源于统计热力学,用来表示系统无序或混乱程度。香农(Shannon)将熵的概念扩展到信息科学领域,定义信息的数学期望为信息熵,即信源 $x_1, x_2, \cdots, x_n$ 的平衡信息量。

引入信息熵来反映变量的随机性,随机性越强的序列其熵值也就越大。熵谱是以熵的概念为基础进行的谱估计,其外推思想是,保持最随机、最不确定性,也就是使得熵为最大,从而得到一种新的非线性谱估计法,即最大熵谱法(Maximum Entropy Method)。

在外推已知时间的自相关函数时,其外推原理是使系列在未知点上取值的可能性具有最大的不确定性。给定离散时间序列 $x: x_1, x_2, \cdots, x_n$,可认为其由不同频率的规则波组成,不同频率波的方差越大,功率谱越大,其熵值也越大。该系列的熵 H 可以定义为

$$H = \int_{-\infty}^{+\infty} \ln S(\overline{\omega}) \, d\overline{\omega} \qquad (3-1)$$

式中:$\overline{\omega}$ 为频率;$S(\overline{\omega})$ 为谱密度。

功率谱和自相关函数 $r(j)$ 分别是对时间序列波动特征的不同描述,且互为傅里叶变换,即

$$r(j) = \int_{-\infty}^{+\infty} S(\overline{\omega})^{i\overline{\omega}j} \, d\overline{\omega} \qquad (3-2)$$

不难看出,要使熵值 H 达到极大值,需解决的关键问题是如何利用 $r(j)$ 去估计谱密度 $S(\overline{\omega})$,使其满足式(3-2),且使式(3-1)中的熵谱值为最大。利用自回归模型以及拉格朗日乘子法可以证明,满足以上条件的熵谱密度为

$$S_H = \frac{\sigma_{r_0}^2}{\left| 1 - \sum_{r=1}^{r_0} a_{r_0}^r e^{-i\overline{\omega}r} \right|^2} \qquad (3-3)$$

式中:r_0 为自回归的阶数;$a_{r_0}^r$ 为自回归系数;$\sigma_{r_0}^2$ 为预报误差方差估计。

将计算得到的不同频率波(可换算成相应周期)的最大熵谱密度绘成图,如果谱密度

图有尖锐的峰点,其对应的周期就是序列存在的显著周期。

研究采用 Burg 算法来估算序列的参数,Burg 算法是按最小二乘法原理估计 AR 模型中的自回归系数,使向前预报误差与向后预报误差之和最小。

AR 模型可用差分方程表示为

$$x(n) = - \sum_{r=1}^{p} a_r x(n-k) + u(n) \tag{3-4}$$

式中:$u(n)$ 为白噪声序列;p 为 AR 模型的阶数;a_r 为模型的参数 $(r = 1,2,\cdots,p)$。

Burg 算法的步骤如下:

(1)数据的标准化处理。在建立自回归模型时,首先需要对原始数据进行标准化处理

$$y_t = \frac{x_t - \sigma}{\bar{x}}$$

式中:x_t、y_t 分别为 t 时刻的原始和标准化后的年径流量;$\bar{x}$、σ 分别为年径流量的多年平均值和均方差。

(2)AR 模型的阶数 p 需要在递推的过程中确定。在使用 Levison–Durbin 递推算法时,可以给出由低阶到高阶的每一组参数,且模型的最小预测误差功率 $P_{\min}$ 是递减的。从理论上讲,当预测误差功率 $P_{\min}$ 达到指定的期望值,或者是不再发生变化时,这时的阶数即是应选的最佳阶数。通常采用误差最小准则,来确定阶数 p。

最终预测误差准则(FPE):设 $x_1, x_2, \cdots, x_n$ 是均值为零的随机序列,则对于一个阶次为 r 的预测误差滤波器的最终预测误差 $FPE(r)$ 定义为

$$FPE(r) = P_r \frac{N + (r+1)}{N - (r+1)} \tag{3-5}$$

式中:$FPE(r)$ 为 r 阶预测误差;r 为 AR 模型的阶数;N 为随机序列的个数。

(3)用递推模型计算最终的自回归系数。

$$a_1 = \frac{2 \sum\limits_{t=2}^{n} x_t x_{t-1}}{\sum\limits_{t=2}^{n} (x_t^2 + x_{t-1}^2)} \tag{3-6}$$

$$a_{k+1} = \frac{2 \sum\limits_{t=r+2}^{n} \left(x_t - \sum\limits_{j=1}^{r} a_{rj} x_{t-j} \right) \left(x_{t-r-1} - \sum\limits_{j=1}^{r} a_{rj} x_{t-k-1+j} \right)}{\sum\limits_{t=r+2}^{n} \left[\left(x_t - \sum\limits_{j=1}^{r} a_{kj} x_{t-j} \right)^2 + \left(x_{t-r-1} - \sum\limits_{j=1}^{r} a_{rj} x_{t-r-1+j} \right)^2 \right]} \tag{3-7}$$

(4)径流系列的最大熵谱计算。由于年径流系列为离散值,可采用离散形式计算径流系列的熵谱值,离散形式最大熵谱的计算采用下式

$$S_H(l) = \frac{\sigma^2}{\left[1 - \sum\limits_{r=1}^{r_0} a_r \cos\left(\frac{\pi l r}{m} \right) \right]^2 + \left[\sum\limits_{r=1}^{r_0} a_k \sin\left(\frac{\pi l r}{m} \right) \right]^2} \tag{3-8}$$

式中:频率 $\omega = \frac{2\pi l}{2m} (l = 0,1,2,\cdots,m)$,$m$ 为选取的最大阶数。在序列样本量不大时,m 通

常取 $n/2$(n 为序列样本总数),此时 m 对应的周期为 $T_l = \dfrac{2l}{m}$。

根据上述最大熵谱分析原理运用最大熵谱分析方法对西线一期工程调水河流 7 个坝址 (1960~2004 年)45 年径流系列周期进行分析,分析结果见表 3-2 和图 3-2。

表 3-2 调水坝址年径流系列最大熵谱分析表

波数	周期(年)	热巴	阿安	仁达	洛若	珠安达	霍那	克柯2
1	44.00	0.80	0.40	0.20	0.10	0.10	0.60	0.40
2	22.00	1.60	0.80	0.40	0.30	0.20	1.10	0.90
3	14.67	1.70	0.90	0.50	0.30	0.30	1.10	0.90
4	11.00	1.50	0.90	0.60	0.40	0.30	1.00	1.00
5	8.80	1.20	1.00	0.90	0.60	0.40	1.10	1.20
6	7.33	0.90	1.00	1.10	0.80	0.70	1.30	1.30
7	6.29	0.80	0.90	1.10	1.30	1.20	1.60	1.60
8	5.50	0.70	0.90	1.05	1.80	2.20	1.80	1.80
9	4.89	0.80	0.90	1.00	2.00	3.20	1.60	1.90
10	4.40	1.00	1.10	1.10	1.90	2.60	1.30	2.00
11	4.00	1.20	1.20	1.20	1.60	1.70	1.20	1.80
12	3.67	1.30	1.30	1.40	1.40	1.20	1.30	1.50
13	3.38	1.00	1.30	1.50	1.20	0.90	1.50	1.10
14	3.14	0.70	1.20	1.40	1.00	0.80	1.40	0.70
15	2.93	0.50	1.00	1.10	1.00	0.80	0.90	0.50
16	2.75	0.50	0.90	1.00	0.90	0.80	0.50	0.40
17	2.59	0.50	0.90	0.90	0.90	0.90	0.30	0.30
18	2.44	0.60	1.00	0.90	0.90	0.90	0.30	0.30
19	2.32	0.80	1.00	0.90	0.90	0.80	0.20	0.30
20	2.20	1.10	1.00	1.00	0.80	0.70	0.30	0.40
21	2.10	1.10	0.90	1.00	0.80	0.60	0.30	0.50
22	2.00	1.10	0.80	1.00	0.70	0.50	0.50	0.60
23	1.91	1.00	0.80	0.90	0.70	0.50	0.90	0.80

根据调水河流 7 个坝址径流系列的最大熵谱值计算表 3-2 和图 3-2,可以做如下周期判断:

(1)热巴坝址径流谱密度曲线有三个峰点,分别为 $S_H(3) = 1.70$、$S_H(11~12) = 1.20$、$S_H(20~22) = 1.10$,对应的显著周期分别为 $T_{主}(3) = 14.67$ 年、$T_{次}(11~12) = 3.67~4.00$ 年,$T_{次次}(20~22) = 2.00~2.20$ 年,因此热巴坝址径流震荡周期分别为 14.67 年、

3.67 ~ 4.00 年和 2.00 ~ 2.20 年。

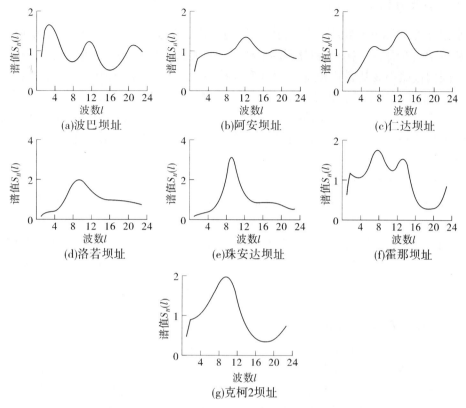

图 3-2　西线调水河流坝址年径流量最大熵谱系列图

（2）阿安坝址径流谱密度曲线有一个明显尖锐峰点和两个非尖锐峰点，分别为 $S_H(12 \sim 13) = 1.30$、$S_H(5 \sim 6) = 1.00$、$S_H(18 \sim 20) = 1.00$，对应的显著周期分别为 $T_{主}(12 \sim 13) = 3.38 \sim 3.67$ 年、$T_{次}(5 \sim 6) = 7.33 \sim 8.80$ 年、$T_{次次}(18 \sim 20) = 2.20 \sim 2.44$ 年，因此阿安坝址径流震荡周期分别为 3.38 ~ 3.67 年、7.33 ~ 8.80 年和 2.20 ~ 2.44 年。

（3）仁达坝址径流谱密度曲线有一个明显尖锐峰点，即 $S_H(13) = 1.5$，对应的显著周期为 $T_{主}(13) = 3.38$ 年，因此仁达坝址径流震荡周期为 3.38 年。

（4）洛若坝址径流谱密度曲线有一个峰点，即 $S_H(9) = 2.00$，对应的显著周期分别为 $T_{主}(9) = 4.89$ 年，因此洛若坝址径流震荡周期为 4.89 年。

（5）珠安达坝址径流谱密度曲线有一个明显尖锐峰点，即 $S_H(9) = 3.20$，对应的显著周期为 $T_{主}(9) = 4.89$ 年，因此珠安达坝址径流震荡周期为 4.89 年。

（6）霍那坝址径流谱密度曲线有两个峰点，分别为 $S_H(8) = 1.80$、$S_H(13) = 1.50$，对应的显著周期分别为 $T_{主}(8) = 5.50$ 年、$T_{次}(13) = 3.38$ 年，因此霍那坝址径流震荡周期分别为 5.50 年和 3.38 年。

（7）克柯 2 坝址径流谱密度曲线有一个明显尖锐峰点，即 $S_H(10) = 2.00$，对应的显著周期为 $T_{主}(10) = 4.40$ 年，因此克柯坝址径流震荡周期为 4.40 年。

3.3.3　小波分析

小波分析(Wavelet Analysis)最初由法国地球物理学家 Morlet 分析地震时间序列时引入。从数学角度看,它属于调和分析的范畴,是一种近似计算的方法,用于把某一函数在特定空间内按照小波基展开和逼近;从工程角度看,小波分析是一种信号与信息处理的工具,是继傅里叶(Fourier)分析之后的又一有效的时频分析方法。小波变换作为一种新的多分辨分析方法,可同时进行时域和频域分析,具有时频局部化和多分辨特性,因此特别适合于处理非平稳信号,被誉为"数学显微镜"。由于小波函数具有许多优良特性,现已成为众多学科研究的热点,并已广泛应用于信号处理、图像处理、语音合成和处理、模式识别和地震勘探等非线性科学领域。

小波(Wavelet)分析是采用正交、复正交变换,并应用滤波器对时间序列进行分析的一种新兴技术。小波时频分析是一种窗口大小固定不变,时域和频域不断变化的局部优化方法,其优于傅里叶分析之处就在于具有良好的局部化性质。水文是一种自然现象,水文时间序列是一个观测样本,是一种离散信号。如何把合成序列中的各种成分划分出来,并采用适当的数学模型去描述这些成分,是水文序列机制的重要研究内容。近年来学者在将小波分析应用到水文序列分析方面做了大量工作。

3.3.3.1　小波分析的基本原理

小波分析是一种时频多分辨分析方法,小波函数 $\psi(t)$ 指具有震荡特性、能迅速衰减到零的一类函数。在对水文过程进行小波分析时,当采用的小波函数满足容许条件时,可以根据小波变换系数精确地恢复原信号。也就是说,水文过程的时频转换是可逆的,不会发生信息丢失。但是常用的小波函数并非都满足容许条件,若其傅里叶变换 $\psi(t)$ 满足允许条件(Admissible Condition)

$$\int_{-\infty}^{\infty} \frac{|\psi(\omega)|^2}{\omega} d\omega < \infty \tag{3-9}$$

称其为基本小波或母小波(Mother Wavelet)。通过将 $\psi(t)$ 伸缩和平移后派生出一函数 $\psi_{a,b}(t)$,即

$$\psi_{a,b}(t) = a^{\frac{1}{2}} \psi\left(\frac{t-b}{a}\right) \quad (b \in \mathbf{R}, a \in \mathbf{R}, a \neq 0) \tag{3-10}$$

式中:$\psi_{a,b}(t)$ 称为连续小波;a 为尺度因子;b 为时间因子。若 $\psi_{a,b}(t)$ 满足式(3-10),对于能量有限信号或时间序列 $f(t)$,其连续小波变换为

$$\begin{cases} W_\psi f(a,b) \leqslant f \\ \psi_{a,b}(t) \geqslant \dfrac{1}{\sqrt{a}} \displaystyle\int_{-\infty}^{+\infty} f(t)\, \psi\left(\overline{\dfrac{t-b}{a}}\right) dt \end{cases} \tag{3-11}$$

式中:$W_\psi f(a,b)$ 为小波变换系数,随 a,b 而变,其实质是对 $f(t)$ 用不同的滤波器进行滤波;$\psi\left(\overline{\dfrac{t-b}{a}}\right)$ 为 $\psi\left(\dfrac{t-b}{a}\right)$ 的共轭函数。

在实际应用时,常将连续小波变换离散化,若 $a = a_0^j$,$b = kb_0 a_0^j$,$a_0 > 1$,$b_0 \in \mathbf{R}$,k、j 为整数,则 $f(t)$ 的离散小波变换为

$$W_\psi f(j,k) = a_0^{\frac{-j}{2}} \int_R f(t) \overline{\psi}(a_0^{-j}t - kb_0) \, \mathrm{d}t \tag{3-12}$$

3.3.3.2　离散序列的小波分解和重构

在实际应用中，水文时间序列是离散的。因此，必须用与之匹配的离散小波变换对水文时间序列进行分解与重构。

1. 小波分解

对于任意离散序列 $f(t) \in V_0$（V_0 为尺度为零的尺度空间），我们可以将它分解成高频部分 d_1 和低频部分 c_1，然后将低频部分 c_1 进一步分解。如此重复就可以得到任意尺度（或分辨率）上的高频部分和低频部分，这就是小波变换的快速算法——多分辨分析的框架。

根据多分辨分析，对二尺度方程 $\phi(t) = \sum_n h_0(n) \cdot \sqrt{2}\phi(2t-n)$ 进行时间伸缩和平移，有

$$\phi(2^{-j}t - k) = \sum_n h_0(n) \cdot \sqrt{2}\phi(2^{-j+1}t - 2k - n) \tag{3-13}$$

式中：$\phi(t) \in L^2(\mathbf{R})$ 为尺度函数；$\phi(2^{-j}t - k)$ 是 $\phi(t)$ 进行时间平移和尺度伸缩所形成的函数；$h_0 = \langle \phi, \phi_{-1,n} \rangle$。

令 $m = 2k + n$，则

$$\phi(2^{-j}t - k) = \sum_m h_0(m - 2k) \cdot \sqrt{2}\phi(2^{-j+1}t - m) \tag{3-14}$$

每一固定尺度 j 上的平移系列 $\phi_k(2^{-j}t)$ 张成的空间 V_j 为尺度为 j 的尺度空间；$\psi_{j,k}(t)$ 是由同一母函数伸缩平移得到的正交小波基，称 ψ 为小波函数，由 $\psi_{j,k}(t)$ 张成的空间 W_j 是尺度为 j 的小波空间，小波空间是两个相邻尺度空间的差，并且有

$$V_{m-1} = V_m \oplus W_m \tag{3-15}$$

任意子空间 W_m 和 W_n 是相互正交的，并且 $W_m \perp W_n$，当 $m \neq n$ 和 $m,n \in \mathbf{Z}$ 时，有

$$L^2(\mathbf{R}) = \bigoplus_{j \in \mathbf{Z}} W_j \tag{3-16}$$

任意 $f(t) \in V_{j-1}$ 在 V_{j-1} 空间的展开式为

$$f(t) = \sum_k c_{j,k} 2^{-j/2} \phi(2^{-j+1}t - k) \tag{3-17}$$

将 $f(t)$ 分解一次（即分别投影到 V_j，W_j 空间），有

$$f(t) = \sum_k c_{j,k} 2^{-j/2} \phi(2^{-j}t - k) + \sum_k d_{j,k} 2^{-j/2} \psi(2^{-j}t - k) \tag{3-18}$$

此时，$c_{j,k}$ 和 $d_{j,k}$ 为 j 尺度上的展开系数，且

$$c_{j,k} = \langle f(t), \phi_{j,k}(t) \rangle = \int_R f(t) 2^{-j/2} \phi(\overline{2^{-j}t - k}) \, \mathrm{d}t \tag{3-19}$$

$$d_{j,k} = \langle f(t), \psi_{j,k}(t) \rangle = \int_R f(t) 2^{-j/2} \psi(\overline{2^{-j}t - k}) \, \mathrm{d}t \tag{3-20}$$

式中：一般称 $c_{j,k}$ 为剩余系数或尺度系数，是低频成分；$d_{j,k}$ 为小波系数，是高频成分。

将式（3-14）代入式（3-19），得

$$c_{j,k} = \sum_m h_0(m - 2k) \int_R f(t) 2^{(-j+1)/2} \phi(\overline{2^{-j+1}t - m}) \, \mathrm{d}t \tag{3-21}$$

由于 $\int_R f(t) 2^{(-j+1)/2} \phi(\overline{2^{-j+1}t - m}) \, \mathrm{d}t = \langle f(t), \phi_{j-1,m}(t) \rangle = c_{j-1,m}$，则式（3-20）可变为

$$c_{j,k} = \sum_m h_0(m - 2k) c_{j-1,m} \qquad (3\text{-}22)$$

用同样的方法可推得

$$d_{j,k} = \sum_m h_1(m - 2k) c_{j-1,m} \qquad (3\text{-}23)$$

式中：$h_1(m - 2k) = \langle \psi, \phi_{j-1,n} \rangle$。

式(3-21)和式(3-22)说明 j 尺度空间的剩余系数 $c_{j,k}$ 和小波系数 $d_{j,k}$ 可由 $j-1$ 尺度空间的剩余系数 $c_{j-1,k}$ 经过滤器系数 $h_0(n)$、$h_1(n)$ 进行加权求和得到。实际中的滤波器 h_0、h_1 的长度都是有限长的，如 Mallet 小波、紧支集正交小波等，使分解变得非常简单。

将 V_j 空间剩余系数（低频系数）$c_{j,k}$ 进一步分解下去，可分别得到 V_{j+1}，W_{j+1} 空间的剩余系数 $c_{j+1,k}$ 和小波系数（高频系数）$d_{j+1,k}$。

$$c_{j+1,k} = \sum_m h_0(m - 2k) c_{j,m} \qquad (3\text{-}24)$$

$$d_{j+1,k} = \sum_m h_1(m - 2k) c_{j,m} \qquad (3\text{-}25)$$

每一次分解把该次输入离散信号分解成一个低频成分和一个高频成分，而且每次输出采样率都可以再减半，而保证总的输出系数长度不变，这样就将原始离散信号进行了多分辨分解。

2. 小波的重构

对低频成分 $c_{j,k}$ 和高频成分 $d_{j,k}$ 进行分析，可以识别水文时间序列的变化特性，如趋势、随机、周期等。

利用分解后的小波系数还可以重构原来的序列。小波系数的重建公式为

$$c_{j-1,m} = \sum_k c_{j,k} h_0(m - 2k) + \sum_k d_{j,k} h_1(m - 2k) \qquad (3\text{-}26)$$

低频成分和高频成分通过滤波器组重构可以得到上一尺度的低频系数，这一尺度的低频系数和高频系数再重构可以得到再上一尺度的低频系数，如此重复下去，可以得到任一尺度的低频系数，最终得到原始信号，这就是小波重构。

图 3-3 为离散序列的小波分解和重构示意图。

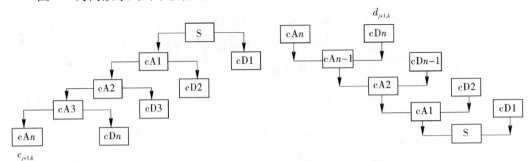

图 3-3　小波分解与重构示意图

Meyer 是小波分析中较为常用的一种分析方法。利用 Meyer 进行水文时间序列分解时，一个很显然的问题是如何获得初始输入序列 $c_{j-1,k}$，在大多数应用中，常常直接用 $f(t)$ 的采样序列来近似作为 $c_{j-1,k}$。另外，确定合适的小波函数也很重要。以下列出 7 个调水

河流坝址年径流量重构逼近系数和细节系数序列,如图 3-4 所示。

应用 Meyer 小波,做分辨率为 5 的小波变换,求取各调水河流坝址年径流量序列的重构逼近系数和重构细节系数序列,进而获得各条河流年径流量的变化周期,见表 3-3。

表3-3　调出区各河流年径流变化周期的小波分析成果　　　　　　　（单位:年）

站名	A5 反映周期	D5 反映周期	D4 反映周期	D3 反映周期	D2 反映周期	D1 反映周期
热巴	序列不足	序列不足	15 ~ 16	8 ~ 9	4 ~ 5	2 ~ 3
阿安	序列不足	42	18	9	4 ~ 5	2 ~ 3
仁达	序列不足	40	17 ~ 18	8 ~ 9	4 ~ 5	2 ~ 3
洛若	序列不足	42	20	9 ~ 10	4 ~ 5	2 ~ 3
珠安达	序列不足	序列不足	19 ~ 20	9	4 ~ 5	2 ~ 3
霍那	序列不足	26 ~ 28	18	8 ~ 9	4 ~ 5	2 ~ 3
克柯2	序列不足	30 ~ 32	16 ~ 17	8 ~ 9	4 ~ 5	2 ~ 3

根据对调水河流径流小波分析的结果,7 个坝址径流基本上均展现了周期波动的特征。7 个坝址均表现出了 2 ~ 3 年和 4 ~ 5 年的相同短周期;中长周期也基本接近,大致分别为 8 ~ 10 年和 15 ~ 20 年区间;长周期则表现不一,热巴、珠安达两坝址由于径流系列不足未完全展现,其他 5 个坝址径流系列长周期分别为 26 ~ 42 年不等。

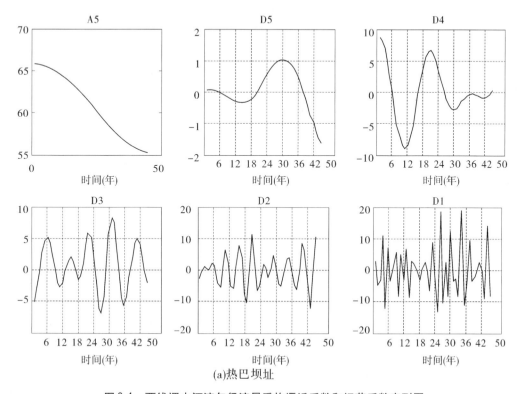

(a)热巴坝址

图3-4　西线调水河流年径流量重构逼近系数和细节系数序列图

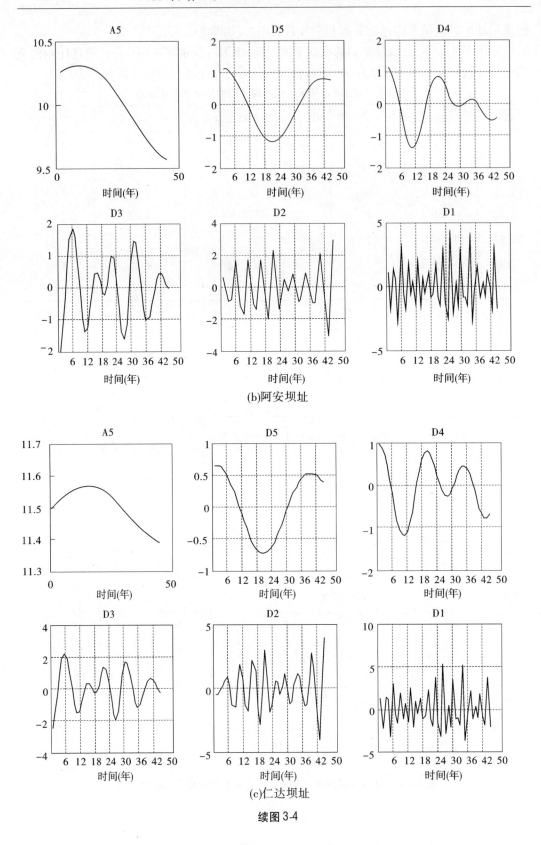

(b)阿安坝址

(c)仁达坝址

续图3-4

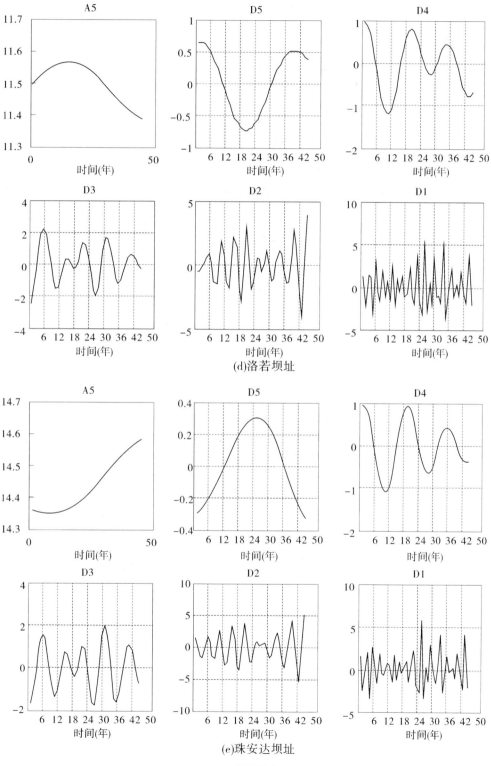

(d)洛若坝址

(e)珠安达坝址

续图 3-4

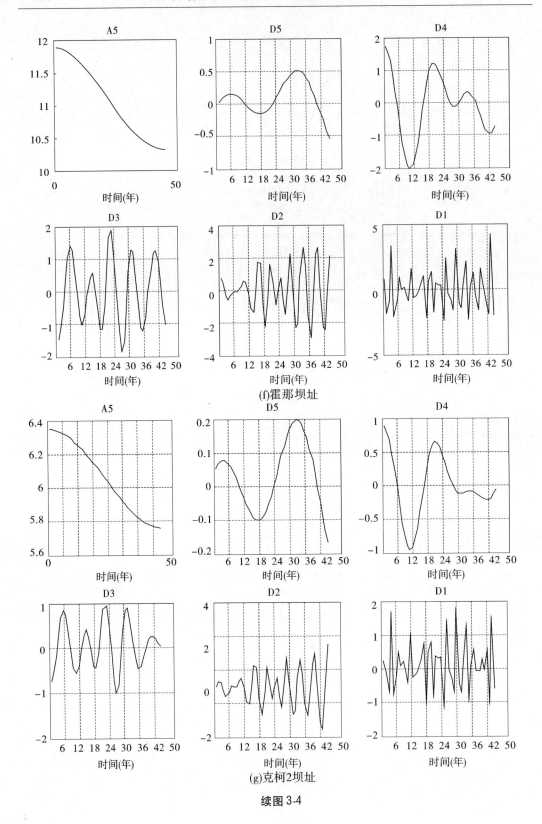

(f)霍那坝址

(g)克柯2坝址

续图 3-4

从表 3-3 和图 3-4 可以看出,由于年径流量序列长度较短,不能反映趋势周期。最高一级的重构细节系数有时也因序列太短而不能完全反映序列的较长周期。短于序列长度的周期,反映较好,周期越短越明显。对于较长的周期,仅能显示 1 ~ 2 次振动,其显著性尚需做进一步检验。

对于较明显的周期,调出区 7 条坝址河流基本一致。各河流都有 35 年左右的长周期,20 年和 11 年左右的中长周期,5 ~ 6 年的中短周期和 2 ~ 3 年或 4 年的短周期。另外,个别河流尚有 14 ~ 15 年和 7 ~ 8 年的周期。

3.4　径流的变化趋势研究

水文时间序列是水文系统在气象、流域下垫面和人类活动等多种因素共同作用下的输出,其中隐含有随机成分、周期成分和趋势成分。水文学的一个重要研究途径就是利用现有的分析技术对水文时间序列进行描述,以探讨水文系统的演变规律。

3.4.1　Mann-Kendall 趋势检验法(M-K 法)

设一平稳径流序列为 X_t($t = 1, 2, \cdots, n, n$ 为序列长度),定义一个统计量 S:

$$S = \sum_{i=2}^{n} \sum_{j=1}^{i-1} \text{sign}(x_i - x_j) \tag{3-27}$$

式(3-27)中,$\text{sign}(\theta)$ 为符号函数由下式确定

$$\text{sign}(\theta) = \begin{cases} 1 & (\theta > 0) \\ 0 & (\theta = 0) \\ -1 & (\theta < 0) \end{cases} \tag{3-28}$$

经验证在 $n \geqslant 10$ 时,统计量 S 近似服从正态分布,其正态分布的检验统计量 U 用下式计算

$$U = \begin{cases} (S - 1) / \sqrt{n(n-1)(2n+5)/18} & (P > 0) \\ 0 & (P = 0) \\ (P + 1) / \sqrt{n(n-1)(2n+5)/18} & (P < 0) \end{cases} \tag{3-29}$$

首先假设该时间序列为无趋势,给定显著水平 α(一般 $\alpha = 0.05$),在正态分布表中查出临界值 $U_{\frac{\alpha}{2}}$,当 $|U| < U_{\frac{\alpha}{2}}$ 时,接受原假设,即趋势不显著;反之,则拒绝原假设,即有趋势项存在。U 为正值表示增加趋势,U 为负值表示减少趋势,当 U 的绝对值大于等于 1.64 时表示通过了信度为 95% 的显著性检验。

根据 Mann-Kendall 趋势检验结果(见表 3-4)可知,7 个调出坝址的径流量在近半个世纪以来的变化趋势不一致,其中热巴、霍那坝址径流变化趋势明显,通过了信度为 95% 的显著性检验,长期径流呈减少趋势;其余 5 处坝址径流长期变化不明显。

表3-4　调出区各河流的径流趋势 Mann-Kendall 统计检验值

站名	热巴	阿安	仁达	洛若	珠安达	霍那	克柯2
P	−234.00	−30.00	16.00	26.00	38.00	−168.00	−112.00
U	−2.28	−0.28	0.15	0.24	0.36	−1.64	−1.09
检验结果	趋势显著	趋势不显著	趋势不显著	趋势不显著	趋势不显著	趋势显著	趋势不显著

3.4.2　斯波曼(Spearman)秩次相关检验法

分析序列 X_t 与时序 t 的相关关系,在运算时, X_t 用其秩次 R_t(即把时间序列 X_t 从大到小排列时, X_t 所对应的序号)代表, t 仍为时序 ($t=1,2,\cdots,n$),秩次相关系数用下式表示

$$r_S = 1 - \frac{6\sum_{t=1}^{n}d_t^2}{n^3-n} \tag{3-30}$$

式中: n 为时间序列总长度; $d_t=R_t-t$。显然当秩次 R_t 与时序 t 相近时,则 d_t 就较小,秩次相关系数就大,趋势显著。

相关系数 r_S 是否异于零,可采用 t 检验法。针对所研究的时间序列构造一个统计量 T 采用下式

$$T = r_S\left(\frac{n-4}{1-r_S^2}\right)^{\frac{1}{2}} \tag{3-31}$$

式(3-31)服从自由度为 $(n-2)$ 的 t 分布。

先假设该时间序列无趋势。按式(3-30)计算 T;然后选择显著水平 α(一般 $\alpha=0.05$),在 t 分布表中查出临界值 $t_{\alpha/2}=1.68$;当 $|T|>t_{\alpha/2}$ 时,拒绝原假设,说明时间序列有相依关系,从而推断序列趋势显著;反之,接受原假设,趋势不显著,即趋势项不存在。

根据表3-5,Spearman 检验结果与 Mann-Kendall 趋势检验结果基本一致,热巴、霍那坝址径流变化趋势明显,其余5处坝址径流长期变化不明显。

表3-5　斯波曼(Spearman)秩次相关检验法

站名	热巴	阿安	仁达	洛若	珠安达	霍那	克柯2
r_S	0.36	0.06	−0.01	−0.04	−0.06	0.22	0.13
T	2.86	0.43	−0.03	−0.26	−0.36	1.69	0.92
检验结果	趋势显著	趋势不显著	趋势不显著	趋势不显著	趋势不显著	趋势显著	趋势不显著

3.4.3　五点滑动平均法

设一平稳径流序列为 X_t（$t = 1, 2, \cdots, n$，n 为序列长度），滑动平均法的计算公式为

$$\hat{X}_t = \frac{1}{2l+1}\left[x_{t-l} + x_{t-(l-1)} + \cdots + x_t + \cdots + x_{t+l-1} + x_{t+l} \right] \qquad (3\text{-}32)$$

式中：$\hat{X}_t$ 为 t 点的滑动平均值。当 $l = 2$ 时，称上式为五点滑动平均值，其计算公式为

$$\hat{X}_t = \frac{1}{5}\left(x_{t-2} + x_{t-1} + x_t + x_{t+1} + x_{t+2} \right) \qquad (3\text{-}33)$$

对调出坝址站年均径流系列，采用五点滑动平均法拟合线性方程，得各站多年平均径流变化曲线，如图 3-5 所示。

由图 3-5 可知，7 个坝址站年径流均呈现出锯齿状高频震荡，其中热巴、霍那坝址最大径流和最小径流出现的时间大致相同，其中 1989 年、1992 年年均径流量较大，1975 年、1965 年和 2003 年年均径流量较小。

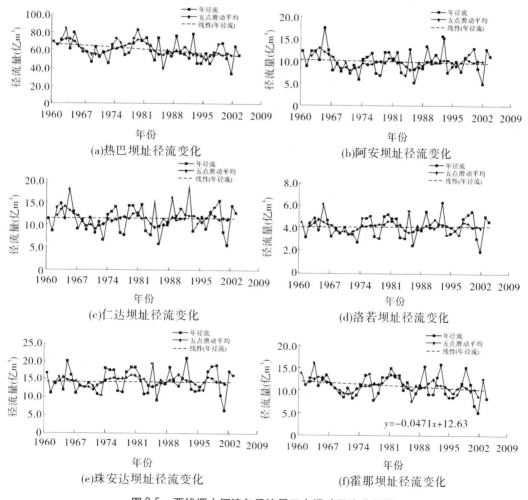

图 3-5　西线调水河流年径流量五点滑动平均分析图

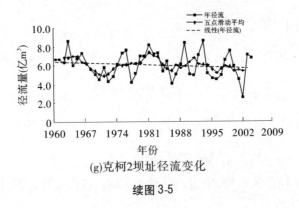

(g)克柯2坝址径流变化

续图3-5

3.5　径流过程的灰色自记忆预测

　　开展年径流预测对于指导水资源合理开发和优化利用具有重要的指导意义。当前,国内外年径流预测的研究仍处于探索阶段,预测方法可分为成因预测和统计预测两大类。前者具有物理基础,是基于大气环流、天气过程的演变规律和流域下垫面物理状况的成因建立动力模型;后者则是按照数理统计,基于年径流及其影响因子的关系建立统计模型。由于年径流具有时间上和空间上复杂的统计特性,影响的因素众多,因此精确的成因预测仍极为困难。常规统计模型存在的主要问题是预测精度较难控制,往往出现拟合精度虽高但预测精度低的现象。近年来,应用在气候预测中的动态数据反演建模理论取得了较好的效果,并在反演建模的基础上发展了一种基于一组量测数据或时间序列的数据机制——自记忆模型理论。这种基于物理运动不可逆性提出的自记忆性原理,针对有微分方程描述的动力系统可建立相应的自记忆模型。通过实际应用,证明它可有效提高预报准确率。

　　首先,径流时间序列受众多因素影响,具有很大的不确定性,构成了一个部分信息已知、部分信息未知或非确定的动态灰色系统,因此可采用灰色系统方法研究。动力系统自记忆性原理是针对非线性系统的一种统计—动力方法。"系统自记忆性"源于对大气运动的研究,其核心是通过引入记忆函数,将一个微分方程变换为差分—积分方程,然后用这个方程来研究系统记忆性,以对系统未来的演化做出预测。对于有微分方程描述的动力系统,可以直接应用自记忆方程建立预报模型;对没有微分方程描述的系统,只要系统具有一定长度的时间序列,可将其视为描述该动力系统方程的一系列特解,然后通过数据反演,导出能近似描写该系统的非线性动力微分方程,进而对系统未来的演化做出预测(报)。

　　时间序列预测是采用趋势预测原理进行的,然而时间序列预测存在两个问题:一是时间序列变化趋势不明显时,很难建立起较精确的预测模型;二是在系统按原趋势发展变化的假设下进行预测的,因而未考虑对未来变化产生影响的各种不确定因素。本书将灰色理论和系统动力方法结合预测调水7个坝址径流量变化。

3.5.1　灰色预测方法

3.5.1.1　GM(1,1)模型的基本原理

　　GM(1,1)是一阶单变量的微分方程模型,是用一阶线性常微分方程来描述灰色系统

单序列动态、情况的模型。

当一时间序列无明显趋势时,采用累加的方法可生成一趋势明显的时间序列。若时间序列 $X^{(0)}$ 的趋势并不明显,但将其元素进行"累加"所生成的时间序列 $X^{(1)}$ 则是一趋势明显的数列,按该数列的增长趋势可建立预测模型并考虑灰色因子的影响进行预测,然后采用"累减"的方法进行逆运算,恢复原时间序列,得到预测结果,这就是灰色预测的基本原理。

3.5.1.2　GM(1,1)模型的建立方法和步骤

设原始时间序列为

$$X^{(0)} = \left\{ x^{(0)}(1), x^{(0)}(2), \cdots, x^{(0)}(n) \right\} \tag{3-34}$$

其累加生成序列为

$$X^{(1)} = \left\{ x^{(1)}(1), x^{(1)}(2), \cdots, x^{(1)}(n) \right\} \tag{3-35}$$

按累加生成序列建立的微分方程模型为

$$x^{(1)}(t+1) = \left[x^{(0)}(1) - \frac{\mu}{\alpha} \right] e^{-\alpha t} + \frac{\mu}{\alpha} \tag{3-36}$$

确定了参数 α 和 μ 后,按此模型递推,即可得到预测的累加数列,通过检验后,再累减即得到预测值。

建立 GM(1,1)模型的步骤如下:

(1)由原始序列 $X^{(0)}$ 按下式计算累加生成序列 $X^{(1)}$。

$$x^{(1)}(i) = \sum_{m=1}^{n} x^{(0)}(m) \tag{3-37}$$

(2)对 $X^{(1)}$,采用最小二乘法按下式确定模型参数。

$$\hat{\alpha} = \left(\begin{array}{c} \alpha \\ \mu \end{array} \right) = (\boldsymbol{B}^{\mathrm{T}} \boldsymbol{B})^{-1} \boldsymbol{B}^{\mathrm{T}} \boldsymbol{Y}_{\mathrm{N}} \tag{3-38}$$

式中: $\boldsymbol{B} = \begin{bmatrix} -\frac{1}{2}(x^{(1)}(1) + x^{(1)}(2)) & 1 \\ -\frac{1}{2}(x^{(1)}(2) + x^{(1)}(3)) & 1 \\ \vdots & \vdots \\ -\frac{1}{2}(x^{(1)}(n-1) + x^{(1)}(n)) & 1 \end{bmatrix}$; $\boldsymbol{Y}_N = \begin{bmatrix} x^{(0)}(2) \\ x^{(0)}(3) \\ \vdots \\ x^{(0)}(n) \end{bmatrix}$ 。

(3)建立预测模型,根据式(3-36)求出累加序列 $\hat{X}^{(1)}$。

(4)采用残差分析法进行模型检验。

(5)用模型进行预测。通过上述模型预测累加生成序列 $X^{(1)}$ 的预测值 $\hat{x}^{(1)}$,并利用累减生成法将其还原,即可以得到原始序列 $X^{(0)}$ 的预测值 $\hat{x}^{(0)}$,如果满足灰色因子条件则完成预测。

3.5.1.3　GM(1,1)模型检验

GM(1,1)模型有残差检验法、关联度检验法和后验差检验法。残差检验法是指按所建模型计算出累加序列,再按累减生成法还原,还原后将其与原始序列 $X^{(0)}$ 相比较,求出

两序列的差值即为残差,通过计算相对精度以确定模型精度。

3.5.2 水文系统反导微分方程

3.5.2.1 反导微分方程

设描述水文系统的状态变量(多年平均径流量)为 X,有一组等时间间隔离散观测数据 $\{X = [x_t] (t = 1, 2, \cdots, N)\}$。一般而言,趋势、周期是水文时间序列的两种主要成分,为此,设变量 X 随时间变化的方程为

$$\frac{\mathrm{d}X}{\mathrm{d}t} = f(x_t, \sin(t), \cos(t)) \tag{3-39}$$

对于具有周期性的水文时间序列,首先进行分离周期项的预处理,分离出周期项后的序列记为 W,$\{W = [w_t] (t = 1, 2, \cdots, N)\}$,则分离周期项后的变量随时间变化的方程为

$$\frac{\mathrm{d}W}{\mathrm{d}t} = f(w_t) \tag{3-40}$$

设式(3-40)为一非线性多项式,即设 $f(w_t) = \sum_{l=1}^{L} \lambda_l Q_l$,其中 l 为多项式的项数,Q_l、λ_l 分别为多项式的项及其相应系数。作为水文时间序列分析一种新的方法,为简化计算,这里只考虑了线性项和 2 次幂项(如 w_t^2 项等),则式(3-40)可以写为

$$\frac{\mathrm{d}W}{\mathrm{d}t} = (a_1 w_t + a_2 w_{t-1} + \cdots + a_p w_{t-p+1}) + (b_1 w_t^2 + b_2 w_{t-1}^2 + \cdots + b_p w_{t-p+1}^2) \tag{3-41}$$

式中:$a_1, a_2, \cdots, a_p, b_1, b_2, \cdots, b_p$ 为待定系数;p 为回溯阶,它表示 $t+1$ 时刻变量 W 的取值 w_{t+1} 与前 p 个时刻 $(t, t-1, \cdots, t-p+1)$ W 的取值有关。

3.5.2.2 待定系数求解

设观测数据时间间隔 $\Delta t \equiv 1$,改写式(3-41)为差分形式,即

$$\Delta w = (a_1 w_t + a_2 w_{t-1} + \cdots + a_p w_{t-p+1}) + (b_1 w_t^2 + b_2 w_{t-1}^2 + \cdots + b_p w_{t-p+1}^2) \tag{3-42}$$

由数值差分知,差分 Δw 有向前差分和向后差分两种形式,分别表示为

向前差分

$$\Delta_f w_t = w_{t+1} - w_t = a_1 w_t + \cdots + a_p w_{t-p+1} + b_1 w_t^2 + \cdots + b_p w_{t-p+1}^2 + \varepsilon_{ft} \tag{3-43}$$

向后差分

$$\Delta_b w_t = w_t - w_{t-1} = a_1 w_{t-1} + \cdots + a_p w_{t-p} + b_1 w_{t-1}^2 + \cdots + b_p w_{t-p}^2 + \varepsilon_{bt} \tag{3-44}$$

式中:ε_{ft}、ε_{bt} 分别表示向前差分误差和向后差分误差。

由式(3-43)、式(3-44)可得

$$\varepsilon_{ft} = (w_{t+1} - w_t) - (a_1 w_t + \cdots + a_p w_{t-p+1} + b_1 w_t^2 + \cdots + b_p w_{t-p+1}^2) \tag{3-45}$$

$$\varepsilon_{bt} = (w_t - w_{t-1}) - (a_1 w_{t-1} + \cdots + a_p w_{t-p} + b_1 w_{t-1}^2 + \cdots + b_p w_{t-p}^2) \tag{3-46}$$

双向差分的目的就是使差分误差达到最小,即

$$\varepsilon = \sum_{t=1}^{n} (\varepsilon_{bt}^2 + \varepsilon_{ft}^2) \to \min \tag{3-47}$$

式中:$n = m - p - 1$,m 为用来求解参数的时间序列的长度。

将式(3-45)、式(3-46)代入式(3-47),用最小二乘法求解 $2p$ 个系数 $a_1,a_2,\cdots,a_p,b_1,$ $b_2,\cdots,b_p$。系数求出后,用相对方差来筛选系数。令

$$c_i = \begin{cases} a_i & (i = 1,2,\cdots,p) \\ b_{i-p} & (i = p + 1,p + 2,\cdots,2p) \end{cases} \tag{3-48}$$

取判别依据

$$\sigma_i = c_i^2 / \sum_{i=1}^{2p} c_i^2 \tag{3-49}$$

若 $\sigma_i < \zeta$（ζ 为事先给定的一个较小的值,取 $\zeta = 0.01$）,认为第 i 项在式(3-41)中起的作用很小,则在式(3-41)中剔除此项,最后可以确定微分方程的项和各项的系数。

3.5.3　灰色自记忆预报模型的建立

3.5.3.1　数学理论

将上节确定的微分方程 $\mathrm{d}w/\mathrm{d}t$ 作为水文系统动力方程,并令 $\mathrm{d}w/\mathrm{d}t = F(w,t)$,运用系统自记忆性原理,建立新的预报模型。

引进记忆函数 $\beta(t)$,将 $\mathrm{d}w/\mathrm{d}t = F(w,t)$ 两端同时乘以 $\beta(t)$,并对其在 $[\,t - p + 1,$ $t + 1\,]$ 上积分得

$$\int_{t-p+1}^{t+1} \beta(\tau) \frac{\mathrm{d}w}{\mathrm{d}\tau} \mathrm{d}\tau = \int_{t-p+1}^{t+1} \beta(\tau) F(w,\tau)\mathrm{d}\tau \tag{3-50}$$

式(3-50)左端按时间间隔段分段积分得

$$\int_{t-p+1}^{t+1} \beta(\tau) \frac{\mathrm{d}w}{\mathrm{d}\tau}\mathrm{d}\tau = \int_{t-p+1}^{t-p+2} \beta(\tau) \frac{\mathrm{d}w}{\mathrm{d}\tau}\mathrm{d}\tau + \int_{t-p+2}^{t-p+3} \beta(\tau) \frac{\mathrm{d}w}{\mathrm{d}t}\mathrm{d}\tau + \cdots + \int_{t}^{t+1} \beta(\tau) \frac{\mathrm{d}w}{\mathrm{d}\tau}\mathrm{d}\tau \tag{3-51}$$

为简便计,令 $\beta_t = \beta(t)$,$w_t = w(t)$,对式(3-51)右端第 1 项用分部积分计算得

$$\int_{t-p+1}^{t-p+2} \beta(\tau) \frac{\mathrm{d}w}{\mathrm{d}\tau}\mathrm{d}\tau = \beta_{t-p+2}w_{t-p+2} - \beta_{t-p+1}w_{t-p+1} - \int_{t-p+1}^{t-p+2} w(\tau)\beta'(\tau)\mathrm{d}\tau \tag{3-52}$$

对式(3-52)中第 3 项运用积分中值定理得

$$\int_{t-p+1}^{t-p+2} \beta(\tau) \frac{\mathrm{d}w}{\mathrm{d}\tau}\mathrm{d}\tau = \beta_{t-p+2}w_{t-p+2} - \beta_{t-p+1}w_{t-p+1} - w_{t-p+1}^m(\beta_{t-p+2} - \beta_{t-p+1}) \tag{3-53}$$

式中:w_{t-p+1}^m 为中值,$\min(w_{t-p+1},w_{t-p+2}) \leqslant w_{t-p+1}^m \leqslant \max(w_{t-p+1},w_{t-p+2})$。

同理,对式(3-51)中右端第 $2 \sim p$ 项分别进行分部积分,并对分部积分的第 3 项运用积分中值定理,则式(3-51)可写为

$$\int_{t-p+1}^{t+1} \beta(\tau) \frac{\mathrm{d}w}{\mathrm{d}\tau}\mathrm{d}\tau = \int_{t-p+1}^{t-p+2} \beta(\tau) \frac{\mathrm{d}w}{\mathrm{d}\tau}\mathrm{d}\tau + \int_{t-p+2}^{t-p+3} \beta(\tau) \frac{\mathrm{d}w}{\mathrm{d}t}\mathrm{d}\tau + \cdots + \int_{t}^{t+1} \beta(\tau) \frac{\mathrm{d}w}{\mathrm{d}\tau}\mathrm{d}\tau$$

$$= \beta_{t+1}w_{t+1} - \beta_{t-p+1}w_{t-p+1} - \sum_{i=t-p+1}^{t} w_i^m(\beta_{i+1} - \beta_i) \tag{3-54}$$

将式(3-54)代入式(3-50)得

$$w_{t+1} = \frac{1}{\beta_{t+1}}\left[\beta_{t-p+1}w_{t-p+1} + \sum_{i=t-p+1}^{t} w_i^m(\beta_{i+1} - \beta_i) + \int_{t-p+1}^{t+1} \beta(\tau) F(w,\tau)\mathrm{d}\tau \right] \tag{3-55}$$

式(3-55)表明,如果已知 $w_{t-p+1}, w_{t-p+2}, \cdots, w_t$,则预报 w_{t+1} 依赖于两部分,式(3-55)右端前两项表示历史值对预报值的影响,最后一项表示源项的影响。若令 $w_{t-p}^m = w_{t-p+1}$, $\beta_{t-p} = 0$,则式(3-55)可进一步写为

$$w_{t+1} = \frac{1}{\beta_{t+1}} \Big[\sum_{i=t-p}^{t} w_i^m (\beta_{i+1} - \beta_i) + \int_{t-p+1}^{t+1} \beta(\tau) F(w, \tau) d\tau \Big] \tag{3-56}$$

但是式(3-41)中的 w_i^m 是未知的,为此作近似处理

$$y_i \equiv w_i^m \approx \begin{cases} \frac{1}{2}(w_i + w_{i+1}) & (t - p \leq i \leq t - 1) \\ w_i & (i = t) \end{cases} \tag{3-57}$$

并且用左积分近似计算式(3-55)的第3项

$$\int_{t-p+1}^{t+1} \beta(\tau) F(w, \tau) d\tau \approx \sum_{i=t-p+1}^{t} \beta_i F(w, i) \Delta t = \sum_{i=t-p+1}^{t} \beta_i F(w, i) \tag{3-58}$$

因此,以上两次近似中误差为 $0(\Delta t)$ 。记 $\alpha_i = \dfrac{\beta_{i+1} - \beta_i}{\beta_{t+1}}$ 、 $\theta_i = \dfrac{\beta_i}{\beta_{t+1}}$,从而,式(3-56)可近似为

$$w_{t+1} = \sum_{i=t-p}^{t} \alpha_i y_i + \sum_{i=t-p+1}^{t} \theta_i F(w, i) \tag{3-59}$$

式(3-59)即系统自记忆预测模型。其中, α_i , θ_i 为记忆系数, y_i 由式(3-57)确定, $F(w, i)$ 由式(3-58)确定。

3.5.3.2　灰色自记忆模型

正如只有少量的微分方程有解析解,自记忆方程也一样,因此,只有借助计算机求解其数值解。若将式(3-59)右端 y_i 、 $F(w, i)$ 视为系统输入,左端 w_{t+1} 视为系统输出,则可以用最小二乘法等方法求解由式(3-59)构成的方程组。

将灰色系统方法导出的微分方程作为动力核,运用自记忆性原理建立年径流时间序列的自记忆模型。将 GM(1,1)微分方程式写成

$$\frac{dx(1)}{dt} = F(x, t) = -ax(1) + u \tag{3-60}$$

对多个时次 $t_i (i = -p, -p+1, \cdots, 0, 1)$, t_0 为初始时次, t_1 为预测时次, p 为回溯阶;引进记忆函数 $\beta(t)$,对 $\dfrac{dx(1)}{dt} = F(x, t)$ 求 t_{-p} 至 t_1 的加权积分,运用分部积分和微积分中值定理得出一个差分—积分方程。

对 p 阶自记忆方程式(3-60)进行离散化,用求和代替积分,微分变为差分,中值 x_i^m 用2个时次的值代替,即

$$y = x_i^m = \frac{1}{2}(x_i + x_{i+1}) \tag{3-61}$$

取 p 阶的自记忆模型,则得式(3-61)的离散形式为

$$x_{t+1} = \sum_{i=t-p}^{t} \alpha_i y_i + \sum_{i=t-p+1}^{t} \theta_i F(w, i) \tag{3-62}$$

式中: α_i , θ_i 为记忆系数, α_i , θ_i 可利用 L 个时次的历史资料,用最小二乘法求得。因此,

存在如下关系

$$M_t = Y\alpha + F\theta \tag{3-63}$$

其中,若令 $M = [x_{i-p}^m, x_{i-p+1}^m, \cdots, x_i^m; F_{i-p+1}, F_{i-p+2}, \cdots, F_i]$,则求出 M 即可进行径流序列的预测

$$X_t = M_t W \tag{3-64}$$

3.5.4 径流预测成果分析

将建立的灰色自记忆径流预测模型用于 7 个调水坝址处的年径流量预测。现有 7 个调水坝址处的 1960～2004 年 45 年长系列年径流量资料(资料略),其中用 1960～2000 年径流量资料建立模型,率定参数,用 2001～2004 年径流量资料进行预测检验。

根据径流自记忆预测方法,以热巴调水坝址为例确定回溯阶数。

3.5.4.1 灰色预测参数的确定

对热巴调水坝址处的原始径流序列 $X^{(0)}$ 进行累加生成序列 $X^{(1)}$,并按照式(3-38)求 α 和 μ;求得 $\alpha = 0.004\,9, \mu = 0.801$。

3.5.4.2 回溯阶的确定

关于回溯阶,本次研究根据编制的程序通过不断试算的方法来确定,即分别取 $p = 5$, $6, \cdots$ 进行建模、预测,以最好的拟合结果来筛选回溯阶 p 的取值。

首先令 $p = 5$,回溯阶 $p = 5$ 时调水坝址年径流量预测模型为

$$x_{t+1} = \sum_{i=t-5}^{t} \alpha_i y_i + \sum_{i=t-5+1}^{t} \theta_i F(w,i) \tag{3-65}$$

记 1960 年 $t=1$,1961 年 $t=2$,依次类推。用式(3-62)对 1971～2000 年调水各坝址年径流量进行了拟合(由于建模原因,$t=1$ 到 $t=2p-1$ 时刻没有拟合值),拟合均方根误差为 6.113 亿 m³,对多年平均径流量偏离率 10.07%。采用此方程对 2001～2004 年调水坝址站年径流量进行了预测,发现预测值与实际观测值偏差较大,因此要增大回溯阶 p 再进行拟合、预测。预测结果表明,拟合均方根误差、预测值的相对误差随着回溯阶的增加而逐渐减小,当回溯阶 $p > 10$ 时,拟合均方根误差基本稳定(偏离率小于 5%),为此确定回溯阶为 10,如图 3-6 所示。

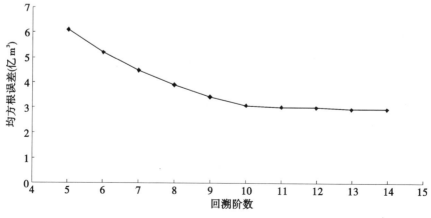

图 3-6 不同回溯阶拟合均方根误差

当回溯阶 $p = 10$ 时，求得的记忆系数 α_i，θ_i 如表 3-6 所示。

表 3-6　　$p = 10$ 灰色自记忆预测模型参数

自记忆系数	1	2	3	4	5	6	7	8	9	10
α_i	−0.21	−0.57	0.31	−0.06	−0.55	−1.14	2.81	0.44	−0.22	0.17
θ_i	117.18	47.53	−9.91	43.62	89.11	−233.46	−207.73	−24.64	21.37	158.10

分离周期项后的热巴调水坝址水文站年径流量过程反导微分方程为

$$x_{t+1} = \sum_{i=t-10}^{t} \alpha_i y_i + \sum_{i=t-10+1}^{t} \theta_i F(w,i) \tag{3-66}$$

3.5.4.3　年径流量过程的模拟及预测

将式（3-66）作为自记忆函数，运用已建立的自记忆预测模型对 1971～2000 年径流量过程进行拟合，并对 2001～2004 年热巴调水坝址年径流量过程进行预测。拟合结果见图 3-7，预测结果见表 3-7。

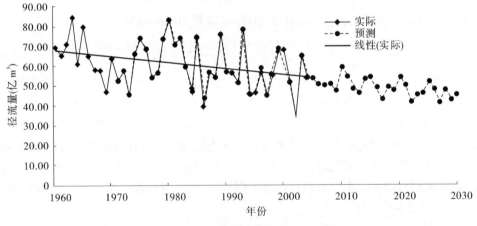

图 3-7　热巴调水坝址径流变化趋势预测图

从热巴调水坝址径流预测成果对比表中，可以看出预测误差多数在 3% 以内，从图 3-7、表 3-7 可以看出，本节建立的动力系统自记忆预报模型能很好地用于径流拟合、预测，尤其极值年份都能很好地拟合出来，如 1964 年、1967 年的极大值和 1957 年、1991 年的极小值。根据相对误差小于 20% 作为预报合格的判定标准，拟合、预报精度均达到《水文情报预报规范》SD138—85 中甲等预报的要求。

采用模型及其参数对热巴调水坝址 2004～2030 年径流进行预测，根据此模型预测未来 30 年径流量变化，得到的预测结果如图 3-7 所示。

表 3-7 热巴调水坝址径流预测效果对比情况

年份	实际径流(亿 m³)	预测径流(亿 m³)	预测偏差(%)
1971	52.43	51.66	1.47
1972	57.54	58.00	-0.80
1973	45.07	44.09	2.17
1974	66.09	67.28	-1.80
1975	73.25	73.84	-0.81
1976	68.18	67.94	0.35
1977	54.34	53.81	0.98
1978	56.55	55.82	1.29
1979	73.36	74.10	-1.01
1980	82.95	84.09	-1.37
1981	70.72	71.28	-0.79
1982	73.48	74.36	-1.20
1983	59.47	57.25	3.73
1984	48.47	45.67	5.78
1985	73.67	76.44	-3.76
1986	39.39	36.95	6.19
1987	56.70	59.30	-4.59
1988	53.83	54.75	-1.71
1989	75.72	76.19	-0.62
1990	57.00	56.14	1.51
1991	56.05	55.76	0.52
1992	51.52	50.60	1.79
1993	78.11	79.43	-1.69
1994	45.50	43.23	5.00
1995	46.09	46.45	-0.78
1996	56.76	58.84	-3.66
1997	45.14	42.32	6.25
1998	55.02	56.87	-3.36
1999	66.85	68.89	-3.05
2000	67.75	67.67	0.12
2001	51.37	49.93	2.80
2002	34.62	32.44	6.30
2003	64.75	66.15	-2.16
2004	53.90	53.16	1.37

从图3-7中可以看出热巴坝址径流变化呈递减趋势,并且周期比较明显,振幅也呈现逐渐变小态势。

3.5.4.4 其他调水坝址预测成果

根据建立的灰色自记忆预测模型,分别对其他6个调水坝址径流进行预测,预测模型的记忆系数见表3-8,预测结果见图3-8～图3-13。

表3-8 各调水坝址自记忆系数表

坝址	自记忆系数	1	2	3	4	5	6	7	8	9	10
阿安	α_i	-0.11	0.30	-0.54	0.52	-0.41	0.67	-0.43	0.59	-0.49	0.91
	θ_i	48.36	154.01	110.06	-111.83	-220.82	-23.20	22.54	-14.17	17.30	20.42
仁达	α_i	-0.02	0.98	-1.51	1.87	-2.35	2.29	-1.78	1.56	-1.53	1.50
	θ_i	10.40	-114.61	319.11	-99.81	-273.04	175.99	-78.09	214.87	-414.22	262.56
洛若	α_i	-0.13	0.66	-1.09	1.51	-1.79	2.13	-1.80	2.04	-1.96	1.46
	θ_i	-127.53	-246.42	-100.31	29.59	139.36	-80.18	198.48	34.70	180.53	-24.00
珠安达	α_i	0.19	-0.23	0.72	-0.80	0.58	0.45	-1.55	2.31	-2.51	1.85
	θ_i	20.28	-104.74	35.70	183.10	186.17	27.02	-235.02	3.55	86.45	-199.71
霍那	α_i	-0.55	1.20	0.44	-0.21	0.77	0.58	-2.53	3.70	-4.98	2.59
	θ_i	20.24	-5.93	-154.32	-175.63	-57.89	-106.96	144.56	-58.18	248.33	146.53
克柯2	α_i	-0.05	0.59	-1.14	0.46	-1.75	1.84	-1.23	2.86	-3.21	2.61
	θ_i	-8.91	64.88	-56.71	105.06	310.54	-9.93	-258.77	11.61	-114.01	-42.34

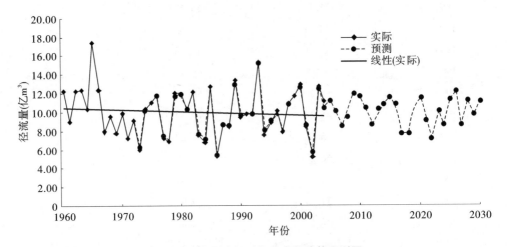

图3-8 阿安调水坝址径流变化趋势预测图

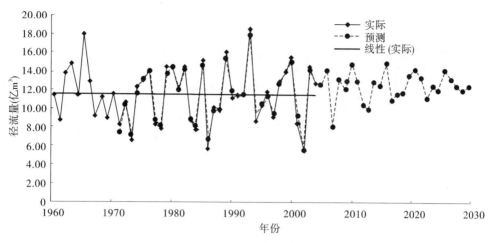

图 3-9　仁达调水坝址径流变化趋势预测图

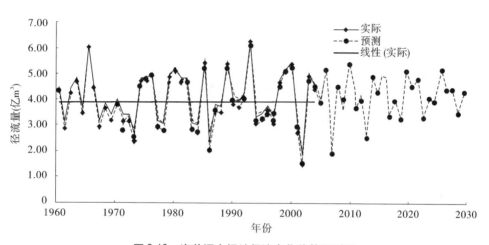

图 3-10　洛若调水坝址径流变化趋势预测图

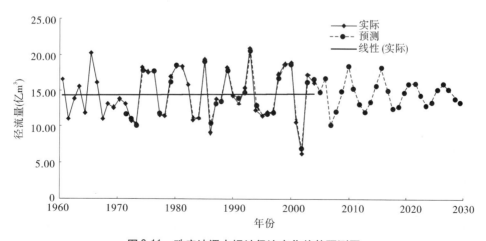

图 3-11　珠安达调水坝址径流变化趋势预测图

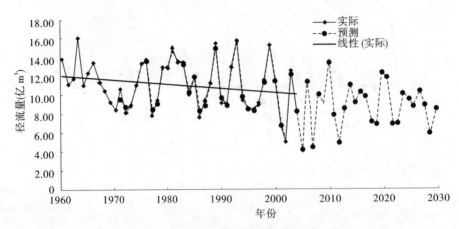

图 3-12 霍那调水坝址径流变化趋势预测图

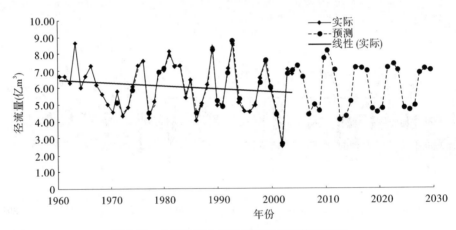

图 3-13 克柯 2 调水坝址径流变化趋势预测图

从图 3-8 ~ 图 3-13 的各调水坝址径流变化趋势图可以看出:①调水河流坝址振幅呈衰减趋势;②径流周期性变化明显;③部分调水坝址有微弱减少趋势。

3.6 径流变化对可调水量的影响

通过对 7 个调水坝址 1960 ~ 2004 年径流系列的研究以及对未来 30 年水资源演变趋势的预测,可基本掌握各调水坝址未来水资源演变趋势和周期,为探讨各河流的可调水量提供基础。

3.6.1 径流变化对可调水量影响

国际上一般认为,当一个流域的水资源开发利用率超过 60%,流域水资源即处于危机的边缘。但从流域可持续发展的角度,低于河流开发利用警戒线引水率是否会对流域的水资源利用、生态环境及河流健康产生影响尚须进一步的研究。各调水坝址以上地区经济相对落后、用水量较少,目前引水坝址各流域水资源开发利用程度较低,从 2005 年水资源利用情况看,各流域用水量占坝址径流量的比例不足 10%,随着流域的社会经济发展和水保工程陆续实施,流域自身的用水也会逐步增大;加之生态环境保护和水源涵养林建设,也会对各坝址的径流产生一定影响,各坝址径流减少和用水增加将会对各调水河流的可调水量产生不利的影响。

特别是各坝址水文站周期变化,特殊枯水年份的天然来水量不足会对下游的水资源利用产生影响,分析水文周期及径流变化趋势,如何进行水资源调配缓解这种供需矛盾是径流趋势研究要解决的问题。近年来,调水各流域的水文气象条件及水资源状况发生了重大变化,降水径流持续性下降,温度缓慢持续上升,而且这种变化尤以 20 世纪 90 年代最为显著,这种变化已经对调水各流域生态环境产生了深刻影响,而且降水和径流的减少在近 20 年来有进一步加剧的趋势,各雨量站和水文站的前五位最枯水年份都出现在 20 世纪 90 年代,各调水坝址径流量的减少将会影响可调水量,因此有必要研究调水河流坝址径流演变的趋势和周期。

3.6.2　径流变化对工程优化的影响

径流变化对调水工程的影响可以从两个方面来分析:

(1)调水坝址径流趋势的变化对调水工程规划规模的影响。对于径流变化趋势不明显的河流,可沿用已有系列的统计数据,论证合理调水规模及工程参数;而对于调水坝址径流具有显著趋势的河流,则必须首先分析预测径流变化的方向和幅度,在考虑未来径流变化的基础上论证合理的调水量和过程、规模。

(2)调水河流径流周期性变化对调水工程规模及优化论证的影响。调水坝址径流的周期性变化,对于决定年际调节、选择最优工程规模、多坝址多库联合调节优化工程规模产生一定的影响,对于调水坝址径流具有明显周期性的河流,调水工程的最优参数确定需要考虑其周期影响。从长期来看,调水坝址的径流周期性变化大致呈现出三种特征:①径流具有长周期的变化特征,可考虑采用多年调节、大库容调蓄工程;②径流具有短周期的变化特征,可采用年调节或小库容调蓄工程;③径流不具有明显周期的特征,可考虑选择一适中的规模。

3.7　小　结

分析了 7 个调水河流 7 个调水河段坝址水文站建站以来 45 年(1960~2004 年)河川径流量、时空分布特征及其变化规律,调水河流径流主要来源于降水,并有季节性融雪补给,具有年内分配集中特征。

采用最大熵谱和小波变换的方法分析了 7 个调水坝址径流的周期变化规律,发现 7 个坝址径流均呈现出近似的长周期和短周期波动的特征。

运用 M-K 趋势检验法、斯波曼(Spearman)秩次相关检验法、五点滑动平均法对调水河流径流长期变化趋势进行研究发现,7 个坝址径流都具有微弱的减少趋势,其中热巴、霍那坝址径流减少明显;7 个坝址的最大径流和最小径流出现的时间大致相同。

建立径流过程的灰色自记忆预测模型对 7 个调水坝址 1967~2000 年径流进行拟合,检验了模型的预测精度,并对未来 30 年年径流演变规律进行了预测,各调水坝址年径流周期性变化明显,振幅呈衰减趋势,部分调水坝址有微弱减少趋势。

调水坝址径流可从两个方面影响调水量及工程规模论证,即径流趋势性变化将影响可调水量及工程规模,径流周期性变化将影响调水工程的优化和论证。系统研究调水坝址年径流的变化特征为科学地确定合理调水规模提供了重要依据。

第4章　调水河流的可调水量研究

4.1　调水河流的供需分析

4.1.1　调水河流水资源开发利用现状

以2006年为现状年,调查统计雅砻江和大渡河的供用水量,分析两大河流现状水资源开发利用水平。

4.1.1.1　用水现状

雅砻江、大渡河流域现状用水分为生活、生产和生态用水三部分,其中生活用水包括城市居民生活与农村居民生活用水两部分,生产用水包括农田灌溉、林牧渔、工业、建筑业及第三产业和牲畜等用水,生态用水包括城镇生态环境和农村生态环境两部分用水。各河流分河段现状用水量,生活和生产用水量采用现状统计资料,生态用水按用水定额进行估算。雅砻江、大渡河流域各河段现状用水量见表4-1。

据统计,2006年雅砻江流域总用水量为244 718万 m³,其中生活、生产、生态用水量分别为7 329万 m³、235 508万 m³、1 881万 m³,分别占流域总用水量的3.0%、96.2%、0.8%。流域上、中、下游地区用水量分别占流域总用水量的1.0%、7.0%、92.0%。因此,雅砻江流域的用水主要分布在下游地区。

大渡河流域总用水量为89 387万 m³,其中生活、生产、生态用水量分别为5 964万 m³、81 566万 m³、1 857万 m³,分别占流域总用水量的6.67%、91.25%、2.08%。流域上、中、下游地区用水量分别占流域总用水量的15.8%、49.5%、34.7%。大渡河流域的用水主要分布在中、下游地区。

据统计,2006年7条调水河流中各坝址以上现状总用水量为105万~1 539万 m³,占雅砻江、大渡河流域现状总用水量的0.1%~0.6%。因此,从现状来看,调水河流坝址以上用水较少。

4.1.1.2　坝下临近河段用水现状

根据坝下临近河段社会经济指标,采用阿坝、甘孜州各部门的现状用水定额,计算各坝下临近河段用水,见表4-2。坝下临近河段现状总用水量为1 873万 m³,各坝下临近河段用水量为32万~808万 m³,主要为牲畜和灌溉用水,分别占总用水量的41.7%、38.5%。

4.1.2　调水河流河道外需水预测

河道外需水预测规划水平年为2030年,需水预测包括生活、生产和生态环境三部分,生产、生活需水量以定额法为基本方法,并以人均综合用水量法、弹性系数法和其他方法进行复核;河道外生态环境需水采用定额法计算。雅砻江、大渡河流域各河段2030水平年的需水量见表4-3。

表4-1　2006年雅砻江、大渡河流域各部门用水量　　　　（单位：万 m³）

河流	分区		生活用水	生产用水			生态环境用水	总用水量	占比例（%）
				城镇生产	农村生产	小计			
雅砻江	鲜水河	达曲	59	19	562	581	29	669	0.27
		泥曲	51	11	497	508	31	590	0.24
		干流	68	37	708	745	36	849	0.35
	干流	河源—甘孜	179	23	2 040	2 063	97	2 339	0.96
		甘孜—洼里	1 141	479	13 257	13 736	328	15 205	6.21
		洼里—河口	5 831	17 354	200 521	217 875	1 360	225 066	91.97
	流域合计		7 329	17 923	217 585	235 508	1 881	244 718	100
大渡河	绰斯甲河	色曲	26	13	146	159	19	204	0.23
		杜柯河	61	20	581	601	36	698	0.78
		干流	101	22	1 445	1 467	33	1 601	1.79
	足木足河	玛柯河	87	27	758	785	46	918	1.03
		阿柯河	67	18	307	325	36	428	0.48
		干流	162	73	1 792	1 865	93	2 120	2.37
	干流	双江口—泸定	511	355	7 006	7 361	219	8 091	9.05
		泸定—铜街子	3 039	9 532	31 001	40 533	698	44 270	49.53
		铜街子—河口	1 910	12 467	16 003	28 470	677	31 057	34.74
	流域合计		5 964	22 527	59 039	81 566	1 857	89 387	100

表4-2　坝下临近河段现状用水量　　　　（单位：万 m³）

河流	河段	生活用水		生产用水				生态用水	总计
		城镇生活	农村生活	城镇生产	农田灌溉	林牧灌溉	牲畜		
达曲	阿安—达曲河口（炉霍）	9	16	7	87	20	96	14	249
泥曲	仁达—炉霍县城	9	17	7	79	26	117	16	271
色曲	洛若—都牛斯曼沟口	1	2	1	3	0	22	3	32
杜柯河	珠安达—壤塘县城	20	7	3	71	29	74	18	222
玛柯河	霍那—灯塔	13	10	3	26	10	76	15	153
阿柯河	克柯2—阿坝县城	23	7	4	23	0	52	29	138
雅砻江干流	热巴—甘孜县城	15	55	18	278	69	344	29	808
合计		90	114	43	567	154	781	124	1 873

表 4-3　2030 水平年雅砻江、大渡河流域各部门需水量　　　（单位：万 m³）

河流	分区		生活需水	生产需水			生态环境需水	总需水量	占比例（%）
				城镇生产	农村生产	小计			
雅砻江	鲜水河	达曲	120	50	1 109	1 159	940	2 219	0.73
		泥曲	106	31	1 173	1 204	1 282	2 592	0.85
		干流	138	34	1 271	1 305	6 816	8 259	2.71
	干流	河源—甘孜	348	63	4 304	4 367	6 209	10 924	3.58
		甘孜—洼里	2 154	1 102	19 111	20 213	12 383	34 750	11.39
		洼里—河口	9 917	23 072	197 309	220 381	16 038	246 336	80.74
	流域合计		12 783	24 352	224 277	248 629	43 668	305 080	100
大渡河	绰斯甲河	色曲	41	4	398	402	414	857	0.73
		杜柯河	113	27	1 417	1 444	1 236	2 793	2.39
		干流	182	35	2 092	2 127	1 360	3 669	3.14
	足木足河	玛柯河	161	41	1 661	1 702	1 932	3 795	3.25
		阿柯河	125	31	917	948	982	2 055	1.76
		干流	292	172	2 893	3 065	1 753	5 110	4.37
	干流	双江口—泸定	925	516	9 915	10 431	3 595	14 951	12.80
		泸定—铜街子	5 118	8 116	32 980	41 096	4 432	50 646	43.36
		铜街子—河口	3 032	14 663	14 068	28 731	1 165	32 928	28.19
	流域合计		9 989	23 605	66 341	89 946	16 869	116 804	100

　　根据分析❶,雅砻江流域 2030 水平年总需水量为 305 080 万 m³,为雅砻江流域径流量 600.37 亿 m³ 的 5.1%,2005~2030 年需水增长率为 0.9%。其中,生活、生产、生态需水量分别为 12 783 万 m³、248 629 万 m³、43 668 万 m³,分别占流域总需水量的 4.2%、81.5%、14.3%。流域上、中、下游地区需水分别占流域总需水量的 3.6%、15.7%、80.7%,流域需水主要位于中、下游地区。

　　大渡河流域 2030 水平年总需水量为 116 804 万 m³,为大渡河径流量 475.53 亿 m³ 的 2.5%,2005~2030 年需水增长率为 1.1%。其中,生活、生产、生态需水量分别为 9 989 万 m³、89 946 万 m³、16 869 万 m³,分别占流域总需水量的 8.6%、77.0%、14.4%。流域上（河源区）、中、下游地区需水分别占流域总需水量的 28.4%（15.7%）、43.4%、28.2%,流域需水主要在双江口以下。

---

❶　参考长江水利委员会《长江流域水资源综合规划》成果,2009 年 12 月。

预测西线一期工程各调水坝址以上需水量为 0.05 亿 ~ 0.85 亿 m^3,占流域总需水量的 0.4% ~ 7.3%。坝下临近河段 2030 水平年总需水量为 7 028 万 m^3,各坝下临近河段的需水量分别为 224 万 ~ 3 150 万 m^3,见表 4-4。

表 4-4　坝下临近河段 2030 水平年总需水量　　　　(单位:万 m^3)

河流	河段	生活需水		生产需水				生态需水	总计
		城镇生活	农村生活	城镇生产	农田灌溉	林牧灌溉	牲畜		
达曲	阿安—达曲河口(炉霍)	48	4	20	66	86	245	384	853
泥曲	仁达—炉霍县城	52	5	20	59	101	299	371	907
色曲	洛若—都牛斯曼沟口	2	4	1	3	1	68	145	224
杜柯河	珠安达—壤塘县城	50	4	7	68	275	150	240	794
玛柯河	霍那—灯塔	37	14	6	23	132	129	255	596
阿柯河	克柯 2—阿坝县城	70	6	7	25	85	105	206	504
雅砻江干流	热巴—甘孜县城	70	69	48	209	287	871	1 596	3 150
合计		329	106	109	453	967	1 867	3 197	7 028

在岷江上游控制性工程紫坪铺水库按多年调节的前提下,根据岷江上游及供水区的供需平衡分析结果[1],2030 年多年平均需从大渡河调水 5.4 亿 m^3,2050 年多年平均需从大渡河调水 21.6 亿 m^3。无论在西线工程调水前还是调水后,大渡河双江口断面的来水量均能满足"引大济岷"总水量要求。

4.2　调水坝址下游的生态环境需水量研究

生态环境需水,是指在一定的生态目标下,维持特定时空范围内生态系统与自然环境正常功能或者恢复到某个稳定状态所需求的水量。按照河道内生态需水量和河道外生态需水量划分,河道内生态需水量包括水生生物生存、河流保持水质、河流维持水沙平衡和水盐平衡、维持地下水—地表水正常水力联系、航运、景观和娱乐所需水量,河道外生态需水量包括天然植被生长、陆生动物生存、维持气候及土壤环境和其他影响生物栖息地的地理下垫面因子所需要的水量。本节主要分析河道内生态环境用水需求。

河道内生态环境需水的大小受生态特性、生态目标和生态条件三方面的因素制约,与生态系统本身的自然状况、人类活动、经济条件关系密切。南水北调西线一期工程所研究的河道内生态环境需水量,是指河道内水资源时空分布调整后,维持生态系统生态功能正常运行所需要的生态水量。

---

[1]　参见水利部四川省水利水电勘测设计研究院《南水北调西线工程与四川调出区水资源宏观配置关系研究》报告。

4.2.1　调水河流河道内生态用水特点

雅砻江、大渡河流域地处青藏高原东南与四川盆地的过渡地带,上下游地形地貌、气候特征、社会经济条件差异显著,河流生态系统差别也很大。上游为高原和高山高原地貌,寒冷缺氧,水热条件差,人烟稀少,植被覆盖率高,经济社会发展相对落后,以草地畜牧业为主;中游地区主要为山地地貌,气候、水热条件多样,自然条件变化大,以林业、牧业和重工业为主;下游地区主要为河谷平原,气候温暖,光热条件较好,主要为农业、轻工业和第三产业。由于自然及经济条件的差别,雅砻江、大渡河上、中、下游河道内生态环境面临的问题及生态用水特点也有很大区别。

4.2.1.1　上游河道内生态用水特点

雅砻江、大渡河上游地区人烟稀少,工农业生产落后,人类活动对生态环境的影响很小,大部分地区尚处于原始状态,河流生物多样性保存较为完好,而且河流泥沙含量很小,水体受到的污染极其轻微。为使河流生态系统良性维持,必须充分考虑河道内生态环境用水需求。

南水北调西线一期工程调水后,河道内流量减少,水深变浅,流速降低,建库后又拦截了部分营养物质,可能会对水生生物的生长带来影响,对工农业用水较多区域的河道稀释自净能力也会产生一定的影响。因此,坝址下游临近河段河道内生态环境用水分析的重点是维持水生生物栖息、维持河道稀释和自净能力等用水需求。

4.2.1.2　中下游河道内生态用水特点

雅砻江、大渡河流域中下游地区水量丰沛,多年平均降水量在 1 000 mm 以上,仅中下游区间汇入径流量分别达到 514 亿 m^3 和 198 亿 m^3,水资源条件能够满足河道内水生生物、河流景观和维持地下水—地表水正常水力联系的需要,河道内生态面临的主要问题是保持河流水质、减轻泥沙淤积、满足航运等用水需求。

雅砻江、大渡河流域沙量主要来源于中下游的部分支流。根据实测资料,雅砻江流域主要产沙区为支流小金河、安宁河和干流洼里至小得石区间;桐子林坝址处多年平均悬移质输沙量 4 150 万 t,多年平均含沙量 0.717 kg/m^3;大渡河流域主要产沙区为流沙河、尼日河等支流。

雅砻江、大渡河的水质污染主要集中在中下游,因为中下游集中了全流域 80% 以上的人口、75% 以上的耕地和约 90% 的 GDP。根据四川省水质监测资料,雅砻江、大渡河上游段水质较好,均达到Ⅰ类水,中下游河段水质基本在Ⅱ类以上,个别地区达到Ⅲ类甚至Ⅳ类,干流水质污染以生活污染为主,工业污染主要集中在雅砻江攀枝花和大渡河石棉附近的河段。

4.2.2　调水河流生态环境保护目标

生态环境保护目标是生态需水量分析的前提,是制约生态需水大小的重要因素之一。生态环境保护目标包含两个方面的内容,一是生态保护对象,二是对象的保护程度。可在分析调水河段生态环境现状的基础上,结合调水工程特点以及对保护对象河道水量(水位)的敏感程度来确定生态环境保护目标。

4.2.2.1　生态环境保护对象及其现状

根据调水河流河道内生态用水特点,南水北调西线一期工程河道内生态用水研究区域主要为引水坝址所在的调水河段,该河段受人类影响较小,生物多样性保存较为完好,具有独特的生态环境特征。调水河段人烟稀少,植被覆盖度好,污染源主要是以有机物为主的面源,调水后虽然减少了径流量,但污染源浓度增加有限。西线一期工程调水后,坝址下游水量减少、水位降低,生态保护对象主要有三个方面:一是河道内水生生物,主要是该区特有鱼类;二是傍水生长的植被,主要是河滩地和湿地处;三是河道水环境的维持,主要是在坝址下游县城附近。

1. 水生生物

调水工程区野外现场调查,共检出藻类 91 种、原生动物 59 种、轮虫 37 种,发现底栖动物 13 种。根据野外调查和已有文献资料,调水工程区分布有鱼类 19 种,主要组成是鲤科裂腹鱼亚科的短须裂腹鱼、齐口裂腹鱼、长丝裂腹鱼、四川裂腹鱼、重口裂腹鱼、裸腹叶须鱼、厚唇裸重唇鱼、软刺裸裂尻鱼、大渡软刺裸裂尻鱼,鳅科条鳅亚科的东方高原鳅、拟硬刺高原鳅、麻尔柯河高原鳅、安氏高原鳅、短尾高原鳅、修长高原鳅、斯氏高原鳅、细尾高原鳅,以及鲱科的青石爬鳅和鲑科的川陕哲罗鲑。其中,川陕哲罗鲑属于国家Ⅱ级保护动物,又名虎嘉鱼,体形长而稍侧扁;省级保护鱼类有齐口裂腹鱼、长丝裂腹鱼、重口裂腹鱼、青石爬鳅;被列入《中国濒危动物红皮书》的鱼类有虎嘉鱼、裸腹叶须鱼;大渡软刺裸裂尻鱼为大渡河水系特有鱼系。

调水后水量明显减少的河道,水位有一定幅度的下降,最直接影响的是以鱼类为主的水生生物的生长和繁殖,对两栖动物和部分爬行类动物也可能产生一些影响。因此,需要分析河段生态需水量,尽可能减少调水影响。

2. 岸边植物

1) 常见植物种类

研究区植被类型多,植物资源种类丰富,植物区系成分复杂,是中国植物区系较为丰富的地区之一。调水工程区现有高等植物 102 科 259 属 680 种。从植被类型的构成、分布特征及其演替规律来看,调水工程区主要植被类型有森林、山地灌丛、干旱河谷灌丛、高山草甸、亚高山草甸、沼泽湿地、高寒垫状植被以及高山流石滩稀疏植被等。从野外实地调查来看,植被演替基本处在顶级群落阶段,部分地段因过度放牧,植被处在放牧偏途顶级阶段。

2) 珍稀濒危植物种类及其分布

我国保护植物在调水工程区内分布的有 15 种,即毛茛科的星叶草、独叶草,麦角菌科的虫草,松科的长苞冷杉、白皮云杉、康定云杉、麦吊云杉、油麦吊云杉、岷江冷杉和紫果云杉,柏科的岷江柏木,红豆杉科的红豆杉,杨柳科的大叶柳,胡颓子科的中国沙棘,蔷薇科的光核桃。

各种植被中临岸植被的生长状况与河道水、地下水的变化关系密切。由于调水引起河道水量减少,可能改变两岸地下水水位,从而影响到岸边植被生长对水分的吸收。因此,需分析调水河段内河水和地下水的水力联系,预测调水对临岸植被是否有影响。

3. 河流水质

雅砻江干流上游河段、达曲、泥曲的水功能区划均为地表水Ⅱ类水体。根据四川水文水资源勘测局的监测结果,泥曲的泥柯断面和达曲的夺多断面汛期水质综合评价结果为Ⅱ类水,非汛期水质综合评价结果为Ⅰ类水。雅砻江干流上中游河段和鲜水河,均满足Ⅰ~Ⅱ类水标准。

大渡河杜柯河、玛柯河、阿柯河水功能区划均为地表水Ⅱ类水体。根据四川水文水资源勘测局的监测结果,除汛期7月杜柯河的壤塘断面为Ⅱ类水外,其他时段杜柯河、玛柯河和阿柯河的断面水质综合评价结果均为Ⅰ类水。根据监测结果,杜柯河、玛柯河、阿柯河调水河段的水质均能满足Ⅱ类水标准,其中大部分指标满足Ⅰ类水标准,少部分指标为Ⅱ类水标准,水质良好。

调水后,河道水量减少,调水河段河流的环境容量降低,在人口较为集中的区域,由于污染物的排入,河段稀释自净能力和水质可能会受到影响。因此,需研究河道水环境维持对水量的需求。

4.2.2.2　生态环境保护目标

1. 以枯水期水量为重点,维持河流基本水文情势

维持河流生态系统最基本的要求是河流水文情势达到河流生态系统不被破坏所要求的最低水平。对调水河流而言,枯水期流量是维持河流连续性、保持河道基本功能和形态需要的基本水量。调水应尽量减少对枯水期水量的影响,汛期考虑水库弃水后经常有大水下泄。随着两岸支流的汇入,河流径流、洪水、水位等在一定的河段内可逐步恢复。

2. 以水生生物栖息环境为主,维持河道内生态系统的基本功能

河道内水量减少,最直接的影响对象是水生动植物,包括藻类、浮游动物、底栖动物和鱼类。其中,鱼类是该系统中保护级别最高,也是对水的变化最为敏感的生态保护对象。现阶段以鱼类为代表,分析典型鱼类产卵、索饵、越冬以及洄游("三场一通道")的分布和生境条件,维持一定的水量和流量过程,保证鱼类等水生生物生长、繁殖的最小生态需水量。

3. 以岸边湿地、滩地为主,维持河道岸边生态系统的基本功能

西线调水河段地处高山峡谷,两岸地下水位高于河水位,河流与两岸山地水力联系以地下水补给河水为主。经同位素分析,区内地下水单向补给河水,两岸高地植被生长基本靠天然降水,受河道水量变化的影响很小。与河流水力联系密切的是河岸带的沼泽湿地,介于河流和高地植被之间的生态过渡带,以沼生植物为主,主要是落叶灌丛和草甸两大植被类型。因此,以调水河流典型湿地为代表,分析保护对象对水量的要求。

4. 以主要县城附近河段为重点,维持河道水环境及景观等功能

调水河段内无大型工矿企业分布,主要污染源为沿岸城镇及分散居民点的生活垃圾、生活污水和农业废水。现状调水河段水质良好,属于Ⅰ、Ⅱ级水,生态景观也基本维持天然状态。调水后河道水量减少,对水环境保护的重点是县城等人口较为集中的河段。以坝址下游县城为重点,考虑支流水量的汇入后,保证调水河段尤其是县城附近河段基本的流量和水面。

4.2.3　生态环境用水计算方法

目前,国际上河道内生态环境需水量的计算方法主要有水文学法、水力学法、组合法、生境模拟法及生态水力学法;维持河流水环境质量的最小稀释净化水量的计算方法有7Q10 法、稳态水质模型法及环境功能设定法等。其中,水文学法以历史流量为基础,根据水文指标确定河道内生态环境需水,国内最常用的代表方法有 Tennant 法及最小月平均径流法;水力学法是以栖息地保护类型标准设定的模型,主要有基于水力学参数提出的湿周法及 R2-CROSS 法,另外还有刘昌明院士以谢才公式为基础提出的水力半径法。

4.2.3.1　Tennant 法

Tennant 法以年平均流量的百分数作为推荐流量,在不同的月份采用不同的百分比(见表4-5)。在 1964～1974 年,Tennant 等对美国的 11 条河流实施了详细的野外研究,采用观测得到的数据建立了河宽、水深和流速等栖息地参数和流量的关系,研究在不同地区、不同河流、不同断面和不同流量状态下,物理的、化学的和生物的信息对冷水和暖水渔业的影响。该方法的保护目标为鱼、水鸟、长毛皮的动物、爬虫动物、两栖动物、软体动物、水生无脊椎动物和相关的所有与人类争水的生命形式。一些学者在美国维吉尼亚地区的河流中证实:10% 的年平均流量提供了退化的或贫瘠的栖息地条件;20% 的年平均流量提供了水生栖息地的适当标准;在小河流中,30% 的年平均流量接近最佳栖息地标准。

表4-5　保护鱼类、野生动物、娱乐和有关环境资源的河流流量状况

流量及相应栖息地的定性描述		泛滥或最大	最佳范围	很好	好	良好	一般或较差	差或最小	极差
推荐基流标准(% 平均流量)	10～3 月	200	60～100	40	30	20	10	10	0～10
	4～9 月	200	60～100	60	50	40	30	10	0～10

Tennant 法显然可以在我国进行河流原型调查观测研究后加以改进。现阶段作者建议应根据研究河流特性及其在区域社会经济发展中的地位和作用,区别描述河流不同生态环境状况的不同等级,参照表 4-5 设定不同等级百分数的标准值。同一等级标准值在设定时,可全年取相同百分数,再分配到汛期和非汛期,也可汛期、非汛期取不同百分数分别计算,然后合计为全年河道基流量。Tennant 法计算河道基流量的公式为

$$Q_{ni}^{T} = \overline{Q_i} \cdot k_f + \overline{Q_i} \cdot k_x \tag{4-1}$$

式中:Q_{ni}^{T} 为 Tennant 法计算的流出第 i 个水文断面的河道基流量;$\overline{Q_i}$ 为第 i 个水文断面的多年平均天然流量;k_f、k_x 分别为设定的非汛期和汛期基流平均流量占多年平均天然流量的百分数。

4.2.3.2　最小月平均径流法

最小月平均径流法是以最小月平均实测径流量的多年平均值作为河流基本生态环境需水量,即

$$W_b = \frac{T}{n} \sum_{i=1}^{n} \min(Q_{ij}) \times 10^{-8} \qquad (4\text{-}2)$$

式中:W_b 为河流基本生态需水量,亿 m³;Q_{ij} 为第 i 年 j 月的月平均流量,m³/s;n 为统计年数;T 为换算系数,为 0.315 36×10⁸ s。

该方法适用于干旱、半干旱区域,生态环境目标复杂的河流。在生态环境目标相对单一的地区,计算结果会偏大。在该水量下,可满足下游需水要求,保证河道不断流。

4.2.3.3 湿周法

湿周法采用湿周(指水面以下河床的线性长度)作为水生生物栖息地的质量标准,绘制临界栖息地区域(通常大部分是浅滩)湿周与流量的关系曲线,根据湿周流量关系图中的转折点确定河道推荐流量值。

湿周法受河道形状的影响较大,三角形河道湿周流量关系曲线的增长变化点表现不明显;河床形状不稳定且随时间变化的河道没有稳定的湿周流量关系曲线,也没有固定的增长变化点。该方法适用于河床形状稳定的宽浅矩形和抛物线形河道。目前,各引水坝址均已经有实测大断面资料,通过建立各坝址处的河道断面湿周与流量关系曲线,初步确定影响点的位置,从保护好临界区域水生物栖息地的湿周方面,分析河道所需的最小生态环境流量。

4.2.3.4 水力半径法

刘昌明院士提出的水力半径法以谢才公式为基础,假设天然河道的流态属于明渠均匀流,且流速分布均匀,通过生物学调查得到水生生物适宜的流速,根据该流速计算其对应的水力半径,即

$$R_{生态} = n^{\frac{3}{2}} \cdot v_{生态}^{\frac{3}{2}} \cdot J^{-\frac{3}{4}} \qquad (4\text{-}3)$$

式中:$v_{生态}$ 为生态流速,不同鱼类的生态流速不同,一般为 0.4~1.4 m/s;$R_{生态}$ 为过水断面的生态水力半径,m;n 为河道糙率;J 为河道的水力坡度。

该水力半径对应的流量即为含有水生生物信息和河道断面信息的生态流量。

4.2.3.5 7Q10 法

7Q10 法主要用于计算污染物允许排放量,一般河流采用近 10 年最枯月平均流量或 90%保证率最枯月平均流量作为河流最小流量设计值。

4.2.3.6 国家环保总局方法

国家环保总局规定,维持水生生态系统稳定所需最小水量一般不小于河道控制断面多年平均流量的 10%(当多年平均流量大于 80 m³/s 时按 5%取用)。

4.2.3.7 R2-CROSS 法

R2-CROSS 法采用河流宽度、平均水深、平均流速及湿周率指标来评价河流栖息地的保护水平,从而确定河流目标流量,见表 4-6。

该方法不能确定季节性河流的流量,且精度不高,标准设定范围的河宽为 18~30 m;该方法适用于非季节性小型河流,同时可为其他方法提供水力学依据。

表4-6　R2-CROSS法确定最小流量的标准

河宽(m)	平均水深(m)	湿周率(%)	平均流速(m/s)
0.3 ~ 6.3	0.06	50	0.3
6.3 ~ 12.3	0.06 ~ 0.12	50	0.3
12.3 ~ 18.3	0.12 ~ 0.18	50 ~ 60	0.3
18.3 ~ 30.5	0.18 ~ 0.30	≥70	0.3

4.2.3.8　生境模拟法

生境模拟法根据指示物种所需的水力条件的模拟,确定河流流量。该方法的适用条件是河流主要生态功能为某些生物物种的保护。

4.2.4　生态环境用水计算方法选择

河道内生态环境需水量目前尚无统一的计算方法,不同国家、不同地区、不同河流的自然条件和生态环境状况不同,采用的计算方法也不同;同一河流不同河段,生态环境保护对象和目标不同,计算方法和原则也不同。西线调水河流生态环境需水量的分析,既要充分利用和吸纳现有分析方法,反映生态环境需水的一般需求,又要结合西线调水河流生态系统特点,反映调水河流尤其是上游河段特殊的生态环境用水需求。因此,西线调水河流生态环境需水量计算方法选择主要考虑以下原则:

(1)采用多种分析方法,尽可能反映多因素的需求。

河道生态用水量的计算方法很多,各种方法针对的保护对象和考虑的侧重点不同,均有各自的特点,采用多种分析方法,可取长补短,使计算的生态环境需水量考虑的因素更全面。如Tennant法以多年平均流量百分数作为河流不同时期推荐基流量,可反映流量的时间变化,对保护目标没有特定的要求;最小月平均径流法和7Q10法采用一定保证率的月流量作为河道基本环境需水量,用于分析不同水质目标的污染物排放量及废水排放量,以满足河流的稀释自净功能;湿周法及水力半径法以河道断面信息的变化来评价水生生物栖息地的质量标准。

(2)结合工程实际,探索适合调水河流特点的分析方法。

西线调水河流地处青藏高原,具有独特的生态环境特点,且基础资料缺乏,需要摒弃与研究区实际情况不符合或资料要求本阶段不能满足的方法,如组合法、生境模拟法等,探索调水河流适宜的生态环境需水量分析方法。

河道内水生生物为西线调水河段主要保护对象,要分析有代表性的珍稀鱼类的生活习性,如裂腹鱼和虎嘉鱼等一些该地区特有的鱼类,通过保护水生生物生存环境,达到维持调水河流良好的生态功能的目的。

4.2.5　生态环境需水分析

调水河段内生态环境保护对象和保护目标不同,对生态环境需水量及其过程的要求不同。为全面把握调水河段河道内生态环境需水量的规模,对各种保护对象均选择典型的进行了分析。在典型分析的基础上,确定了调水河段生态环境需水量的构成和选取方法。

4.2.5.1　主要保护对象需水量典型分析

1. 岸边植被需水量

岸边植被主要分布在邻近河岸的河谷湿地中,以鲜水河干流孜龙河坝湿地和中仁达河谷湿地为典型进行了分析。

根据调查[1],孜龙河坝湿地保护区面积为 4 500 亩,邻近道孚县城,保护区两岸以天然河坝为界,保护对象为湿地野生植被和天鹅、雀鹰、鸳鸯、鸽子、画眉等动物,湿地总需水量为 241.4 万 m³,要求流量为 0.07 m³/s[2]。

中仁达河谷湿地为鲜水河河谷滩地,面积为 19 200 亩,上游距炉霍县城 22 km,湿地内野生植被主要为高山柳、海棠、三棵针、沙棘、水草等,野生动物主要有金雕、秃鹫、黄鸭、小天鹅等,现有温泉井一口,出水量为 0.03 m³。据调查[3],区内无珍稀植物,黑鹳和中华秋沙鸭两种国家I级保护鸟类均为旅鸟,湿地总需水量为 529.8 万 m³,要求流量为 0.171 m³/s。

2. 水生生物需水量

1) 鱼类的洄游及路线

调水工程区内虽无长距离的河—河洄游种类,但根据外业调查,齐口裂腹鱼、大渡软刺裸裂尻鱼都有短距离的洄游习性。对这些鱼类短距离洄游的长度没有准确观测过,根据其生态习性和生活栖息河流的长度来判断,其洄游距离应在几十千米至近百千米。从调水河段分布的鱼类种类的组成分析,这些鱼类均是适应于低温水体的种类,因此其完成整个生活史所需要的水域也都是在低温水域的局域内,并不能分布在太广阔的河段或水域,无论其产卵还是索饵都能在河流中完成,表现在洄游习性上则为短距离洄游鱼类,而不是进行长距离的洄游。这些鱼类的短距离洄游路线多是从越冬场所出发,从干流下游向上游或从干流向支流做一段距离的迁徙,在具有适宜繁殖条件的河段游弋,等待适宜的繁殖时机。

2) 繁殖期

鱼类的生长过程对繁殖期的水量有特殊的要求,因此繁殖期是研究鱼类生态需水的关键。调水河段无产漂流性卵的鱼类,所有鱼类均产沉性卵,有些种类鱼卵的黏性较强。调水工程区现有的 19 种鱼类中,主要保护和经济鱼类的繁殖时间见表4-7。从表4-7中可以看出,各鱼类的繁殖时间有较大的差异,3~4月繁殖的鱼类有虎嘉鱼、短须裂腹鱼、齐口裂腹鱼、裸腹叶须鱼等,4~5月繁殖的鱼类有四川裂腹鱼,5~6月繁殖的鱼类有长丝裂腹鱼、软刺裸裂尻鱼、大渡软刺裸裂尻鱼,重口裂腹鱼的繁殖时间为 8~9 月,青石爬鮡的繁殖时间为 9~10 月。

根据坝址径流资料,热巴坝址 3 月多年平均径流为 55.4 m³/s,最小月流量为 38.8 m³/s,90% 枯水年 3 月的流量为 38.8 m³/s,则 3~6 月生态基流采用 50 m³/s;阿安、

---

[1] 参见甘孜州道孚县人民政府[2005]30号文。
[2] 根据四川省林业科学研究院计算。
[3] 根据四川省林业科学研究院调查资料。

仁达、珠安达、霍那、贡杰等坝址采用 8 m³/s；洛若、克柯 2 等坝址采用 4 m³/s。

表 4-7　调水河流主要鱼类的繁殖时间

种类	繁殖时间	雅砻江	大渡河	备注
虎嘉鱼	3~4 月		+	国家二级保护鱼类，被列入《中国濒危动物红皮书》
齐口裂腹鱼	3~4 月		+	省级保护鱼类
短须裂腹鱼	3~4 月	+		
厚唇裸重唇鱼	4~5 月	+		
四川裂腹鱼	4~5 月	+		
长丝裂腹鱼	5~6 月			省级保护鱼类
裸腹叶须鱼	4 月前后	+		被列入《中国濒危动物红皮书》
软刺裸裂尻鱼	5 月	+		
大渡软刺裸裂尻鱼	5 月		+	大渡河水系特有鱼种
麻尔柯河高原鳅	4 月	+	+	
重口裂腹鱼	8~9 月		+	省级保护鱼类
青石爬鮡	9~10 月	+	+	省级保护鱼类

3. 维持水环境需水量

调水河段内人烟稀少，工农业落后，水质基本保持天然状态。按照《四川省地面水水域功能划类管理规定》，雅砻江干流甘孜河段，雅砻江达曲、泥曲及大渡河杜柯河、玛柯河、阿柯河支流，水功能区划均为地表水 II 类水体。

预测随着天然林保护、农业单产提高、工业企业达标排放等措施的落实，农牧业和工业污染造成的面源有机污染将处于比较稳定的状态，未来调水河段的污染源仍以城市生活污水为主。根据不同水平年经济发展情况的预测，甘孜、新龙、雅江、炉霍、道孚、壤塘、班玛、阿坝等县城 2030 水平年污水入河量为 1 530~7 956 t/d，在考虑治污的情况下，COD 排放量为 137~1 193.3 kg/d，BOD$_5$ 排放量为 91.6~795.5 kg/d，氨氮排放量为 15.9~138.1 kg/d，其中阿坝县城由于人口较多，污水入河量和各种污染物排放量在各县城中最大，其次为甘孜县城。但是，未来调水河段人口仍属稀少，经济总量较低，污染物排放量很小。

一般河流采用近 10 年最枯月平均流量或 90% 保证率最枯月平均流量。该方法来源于 7Q10 法，于 20 世纪 70 年代传入我国，主要用于计算污染物允许排放量，即以 90% 保证率最枯连续 7 d 的平均水量作为河流最小流量设计值，已经在许多大型水利工程建设的环境影响评价中得到应用。

西线各调水河流引水坝址与下游最近的县城距离为 12~106 km，区间汇入径流为 0.93 亿~24.86 亿 m³，各引水坝址中霍那坝址与下游的班玛县城距离最近，区间汇入水量也最小。为使县城附近河段水量达到规范要求的防治水质污染所需的生态水量，引水坝址断面首先应该保证枯水月的下泄水量。采用近 10 年最枯月平均流量、90% 保证率最枯枯月平均流量计算各坝址下游生态需水量见表 4-8。

表 4-8　各引水坝址下游河道内基本生态环境需水量分析结果　（单位：m³/s）

河流	坝址	坝址多年平均流量	Tennant 法		7Q10 法		最小月平均径流法	按国家环境保护总局11号文件规定	水力半径法	湿周法	生态环境流量范围值	基本生态流量推荐值
			良好生态环境标准	一般生态环境标准	近10年最枯月平均流量	90%保证率最枯月平均流量						
雅砻江干流	热巴	192.5	54.6	35.3	29.0	33.8	44.5	9.6	49.8	11.06	9.6~54.6	35
达曲	阿安	31.7	9.0	5.8	2.4	4.5	6.0	3.3	5.0	4.60	2.4~9.0	5
泥曲	仁达	36.4	10.3	6.7	1.0	3.0	4.6	3.6	8.3	3.72	1.0~10.3	5
色曲	洛若	13.1	3.7	2.4	1.0	1.5	1.8	1.3	—	—	1.0~3.7	2
杜柯河	珠安达	45.8	13.0	8.4	4.0	3.9	6.4	4.6	—	3.50	3.5~13.0	5
玛柯河	霍那	35.1	10.0	6.4	3.4	7.2	7.2	3.6	9.9	1.27	1.3~10.0	5
阿柯河	克柯2	19.2	5.4	3.5	1.7	2.2	2.4	1.9	3.7	1.9	1.7~5.4	2

4.2.5.2　生态环境需水量

根据前述典型分析，调水河段内生态环境保护对象和保护目标不同，对生态环境需水量的要求不同。若要满足不同生态功能对水量的需求，应按照最大值的原则确定河段生态环境需水量。因此，西线调水河段生态环境需水量可分为两部分，一是河段基本生态环境需水，即按照目前国内外常用的分析方法，分析一般规律条件下调水河段生态环境需要的水量；二是重点保护对象的需水，即以鱼类为代表，满足河道内水生生物生长过程中关键时期对水量的需求。两者取外包线作为西线调水河段的生态环境需水。

1. 基本生态环境需水

基本生态环境需水是保证全河段水流连续性的基本条件，也是多种保护对象对河道内水量的最基本需求。选择多种方法对调水河流河道内基本生态环境需水量进行了初步分析，结果见表 4-8。

由表 4-8 可知，由于各种方法的保护对象和生态目标不同，计算的河道最小生态环境流量有一定的差别。采用湿周法、近 10 年最枯月平均流量法以及按国家环境保护总局11 号文件规定计算的结果最小，采用 Tennant 法中的良好生态环境标准所计算的结果最大。要求的各坝址下游临近河段的生态环境流量范围热巴为 9.6~54.6 m³/s，阿安、仁达分别为 2.4~9.0 m³/s、1.0~10.3 m³/s，洛若为 1.0~3.7 m³/s，珠安达为 3.5~13.0 m³/s，霍那为 1.3~10.0 m³/s，克柯 2 为 1.7~5.4 m³/s。

根据坝下临近河段径流汇入分析，在坝下 10~20 km 范围内即有较大支流的汇入，调水后河道基流恢复较快，河道内水量将沿程增加，生态环境流量将迅速增加。根据各坝址计算的生态流量范围值以及各坝下汇流情况,推荐的各坝址下游临近河段生态流量分别为:热巴 35 m³/s,阿安、仁达、珠安达、霍那均为 5 m³/s,洛若、克柯 2 均为 2 m³/s。该流量满足维持引水坝址下游临近河段生态用水需求,并且均大于国家环境保护总局 11 号文件规定的最小生态流量。

　　2. 重点保护对象生态需水

河段内重点保护对象为以鱼类为代表的水生生物,鱼类是该系统中对水的变化最为敏感的主要生态保护对象,调水后水量减少,水位下降,从而可能影响到以鱼类为主的水生动物的生长和繁殖,对水生生态系统构成一定的不利影响。因此,必须考虑对调水区鱼类,特别是对特有的珍贵稀有鱼类的保护,维持其最小的生态需水量。根据鱼类繁殖期对水量的需求分析,各引水坝址生态流量见表 4-9。

表 4-9　各引水坝址生态环境需水量采用结果　　　　　（单位:m³/s）

河流	坝址	年内各时段生态需水流量		生态需水量采用值		
		重点保护对象生态需水 (3~6月)	基本生态需水 (1~12月)	各月生态需水(外包线)		年均生态需水
				3~6月	7月至次年2月	
雅砻江干流	热巴	50	35	50	35	40.0
	阿达	55	40	55	40	45.0
达曲	阿安	8	5	8	5	6.0
泥曲	仁达	8	5	8	5	6.0
色曲	洛若	4	2	4	2	2.7
杜柯河	珠安达	8	5	8	5	6.0
玛柯河	霍那	8	5	8	5	6.0
	贡杰	8	5	8	5	6.0
阿柯河	克柯 2	4	2	4	2	2.7

由表 4-9 可见,考虑调水河段生态环境保护对象基本生态用水需求时,各河段生态需水为 2~40 m³/s;考虑重点保护对象用水需求(以鱼类繁殖期为代表),各河段生态需水为 4~55 m³/s。为满足不同保护对象对生态环境需水的要求,调水河段生态环境需水采用各月生态环境需水的外包线,即 3~6 月为 4~55 m³/s,7 月至次年 2 月为 2~40 m³/s。河道内年均生态流量分别为:热巴 40.0 m³/s,阿达 45.0 m³/s,阿安、仁达、珠安达、霍那、贡杰均为 6.0 m³/s,洛若、克柯 2 均为 2.7 m³/s。

各引水坝址推荐的生态环境流量主要是维持坝下临近河段生态用水需求,根据水库调节计算分析,很多月份水库的下泄水量要远大于推荐的生态环境流量。45 年计算系列中,各水库非汛期有 7~34 年下泄的生态流量较调水前枯水月份的流量有所增加,其中热巴水库有 12 年 19 个月下泄的生态流量较调水前枯水月份的流量大,阿安水库有 27 年 48 个月,仁达水库有 34 年 88 个月,珠安达水库有 22 年 37 个月,霍那水库有 7 年 12 个月,克柯 2 水库有 40 年 56 个月。

4.3　可调水量分析

　　根据各引水坝址上下游河段水资源供需平衡分析,考虑未来用水增长后,坝址上下游河道外需水量占来水量的比例都很小,坝址下游河道的用水需求可由区间来水满足,不需要引水水库专门考虑对河道外供水。河道内生态环境用水的重点是坝址下游临近河段,需要按照河道内生态环境用水需求维持一定的下泄水量。因此,将坝址天然径流扣除坝址以上河道外需水和下泄要求的河道内需水后,剩余水量作为可调水量。

4.3.1　入库径流

　　各引水坝址不同频率的入库径流量见表 4-10。从表 4-10 中看出,当雅砻江、玛柯河为上坝址时,即雅砻江为热巴坝址、玛柯河为霍那坝址,7 座引水坝址多年平均入库径流量为 116.46 亿 m³,90% 保证率入库径流量为 90.37 亿 m³;当雅砻江、玛柯河为下坝址时,即雅砻江为阿达坝址、玛柯河为贡杰坝址,7 个引水坝址多年平均入库径流量为 125.48 亿 m³,90% 保证率入库径流量为 96.85 亿 m³。可见,引水坝址的水量是比较充沛的。

表 4-10　各引水坝址不同频率入库径流量　　　　　　（单位:亿 m³）

调水河流	来水频率	10%	25%	50%	75%	90%	多年平均
雅砻江干流	热巴	74.95	69.94	56.88	53.06	44.72	59.92
	阿达	83.67	78.01	62.74	59.21	49.48	66.89
达曲	阿安	12.60	11.96	9.67	7.77	6.72	9.86
泥曲	仁达	14.96	13.90	11.29	8.78	7.66	11.32
色曲	洛若	5.40	4.80	3.97	3.28	2.96	4.07
杜柯河	珠安达	18.49	17.40	13.75	11.53	10.68	14.31
玛柯河	霍那	14.90	13.25	11.03	9.06	8.07	10.97
	贡杰	17.66	15.70	13.08	10.74	9.56	13.02
阿柯河	克柯 2	7.52	7.03	6.12	4.92	4.46	6.01
各坝址合计（雅砻江干流、玛柯河为上坝址）		151.22	137.63	111.91	99.31	90.37	116.46
各坝址合计（雅砻江干流、玛柯河为下坝址）		162.78	147.86	119.75	107.25	96.85	125.48

4.3.2　各坝址可调水量

　　各坝址可调水量为各引水坝址径流量扣除坝址上游经济社会发展需水、坝下要求的生态环境需水,以及水库渗漏、蒸发损失后的水量,不同来水频率情况下可调水量见表 4-11。

表 4-11　2030 水平年各引水坝址可调水量　　　　　　（单位：亿 m³）

调水河流	引水坝址	来水频率（%）	入库径流量	最小下泄水量	可调水量	占入库径流比例（%）
雅砻江	热巴	10	74.95	12.61	62.34	83
		25	69.94		57.33	82
		50	56.88		44.27	78
		75	53.06		40.45	76
		90	44.72		32.11	72
		多年平均	59.92		47.31	79
	阿达	10	83.67	14.19	69.48	83
		25	78.01		63.82	82
		50	62.74		48.55	77
		75	59.21		45.02	76
		90	49.48		35.29	71
		多年平均	66.89		52.70	79
	阿安	10	12.60	1.89	10.71	85
		25	11.96		10.07	84
		50	9.67		7.78	80
		75	7.77		5.88	76
		90	6.72		4.83	72
		多年平均	9.86		7.97	81
	仁达	10	14.96	1.89	13.07	87
		25	13.90		12.01	86
		50	11.29		9.40	83
		75	8.78		6.89	78
		90	7.66		5.77	75
		多年平均	11.32		9.43	83
大渡河	洛若	10	5.40	0.84	4.56	84
		25	4.80		3.96	83
		50	3.97		3.13	79
		75	3.28		2.44	74
		90	2.96		2.12	72
		多年平均	4.07		3.23	79

续表 4-11

调水河流	引水坝址	来水频率（%）	入库径流量	最小下泄水量	可调水量	占入库径流比例（%）
大渡河	珠安达	10	18.49	1.89	16.60	90
		25	17.40		15.51	89
		50	13.75		11.86	86
		75	11.53		9.64	84
		90	10.68		8.79	82
		多年平均	14.31		12.42	87
	霍那	10	14.90	1.89	13.01	87
		25	13.25		11.36	86
		50	11.03		9.14	83
		75	9.06		7.17	79
		90	8.07		6.18	77
		多年平均	10.97		9.08	83
	贡杰	10	17.66	1.89	15.77	89
		25	15.70		13.81	88
		50	13.08		11.19	86
		75	10.74		8.85	82
		90	9.56		7.67	80
		多年平均	13.02		11.13	85
	克柯 2	10	7.52	0.84	6.68	89
		25	7.03		6.19	88
		50	6.12		5.28	86
		75	4.92		4.08	83
		90	4.46		3.62	81
		多年平均	6.01		5.17	86
热巴+阿安+仁达+洛若+珠安达+霍那克柯2（雅砻江干流、玛柯河为上坝址）		10	151.22	21.85	129.37	86
		25	137.63		115.78	84
		50	111.91		90.06	80
		75	99.31		77.46	78
		90	90.37		68.52	76
		多年平均	116.46		94.61	81
阿达+阿安+仁达+洛若+珠安达+贡杰+克柯2（雅砻江干流、玛柯河为下坝址）		10	162.78	23.43	139.35	86
		25	147.86		124.43	84
		50	119.75		96.32	80
		75	107.25		83.82	78
		90	96.85		73.42	76
		多年平均	125.48		102.05	81

2030 水平年,热巴、阿安、仁达、洛若、珠安达、霍那和克柯 2 等 7 个坝址以上需水量为 1.46 亿 m^3;按推荐采用的坝下生态流量,坝址最小下泄水量为 21.85 亿 m^3,则 7 个坝址多年平均可调水量为 94.61 亿 m^3,占 7 个坝址入库径流量的 81%;若遇 75% 来水年份,7 个坝址可调水量总计为 77.46 亿 m^3,占 7 个坝址入库径流量的 78%。

2030 水平年,阿达、阿安、仁达、洛若、珠安达、贡杰和克柯 2 等 7 个坝址以上需水量约 1.52 亿 m^3;按推荐采用的坝下生态流量,坝址最小下泄水量为 23.43 亿 m^3,则 7 个坝址多年平均可调水量为 102.05 亿 m^3,占 7 个坝址入库径流量的 81%;若遇 75% 来水年份,7 个坝址可调水量总计为 83.82 亿 m^3,占 7 个坝址入库径流量的 78%。

4.3.3　可调水量分析结果

根据坝址断面的水资源供需平衡分析结果,在满足坝址断面河道内外用水需求的条件下,西线一期工程热巴、阿安、仁达、洛若、珠安达、霍那、克柯 2 等 7 个坝址多年平均的可调水量为 94.61 亿 m^3;阿达、阿安、仁达、洛若、珠安达、贡杰、克柯 2 等 7 个坝址多年平均的可调水量为 102.05 亿 m^3。该水量为各坝址可以调出的最大水量,在确定调水规模时,还需考虑受水区的用水需求、调水工程本身的技术经济可行性以及淹没影响等因素,进行多方案的综合比较论证。

4.4　小　结

从现状来看,7 条调水河流中各坝址以上用水量较少,为 105 万 ~ 1 539 万 m^3,坝下临近河段现状总用水量为 1 873 万 m^3,仅占雅砻江、大渡河流域现状总用水量的 0.6%。

预测雅砻江流域 2030 水平年总需水量为 305 080 万 m^3,2005 ~ 2030 年需水增长率为 0.9%;大渡河流域 2030 水平年总需水量为 116 804 万 m^3,2005 ~ 2030 年需水增长率为 1.1%。

研究分析了调水坝址的生态环境现状特征及其保护目标,通过多种生态需水的计算方法的比较,推荐引水坝址下游临近河段生态流量分别为:热巴 35 m^3/s、阿达、阿安、仁达、珠安达、霍那、贡杰均为 5 m^3/s,洛若、克柯 2 均为 2 m^3/s。

根据各引水坝址上下游河段水资源供需平衡分析,考虑未来用水增长后,坝址上下游河道外需水量占来水量的比例都很小,坝址下游河道的用水需求可由区间径流来水满足,西线一期工程以雅砻江干流、玛柯河为上坝址时,热巴、阿安、仁达、洛若、珠安达、霍那、克柯 2 等 7 个坝址多年平均的可调水量为 94.61 亿 m^3;而以雅砻江干流、玛柯河为下坝址时阿达、阿安、仁达、洛若、珠安达、贡杰和克柯 2 等 7 个坝址多年平均可调水量为 102.05 亿 m^3。

第 5 章　黄河水资源供需形势

5.1　黄河流域在我国战略格局中的定位

5.1.1　黄河安危事关国家发展大局

黄河下游是举世闻名的"地上悬河",洪水灾害历来为世人所瞩目,历史上被称为"中国之忧患"。20 世纪 80 年代中期以来,随着黄河流域人口的增加和经济社会的快速发展,沿黄两岸工农业用水持续增加,地区间、部门间激烈争水,河流生态用水被大量挤占,导致河道断流,生态系统恶化;同时河道萎缩加剧,排洪能力急剧降低,使流域供水安全、生态安全和防洪安全面临严峻考验。

目前,我国正处于全面建设小康社会的关键时期,对黄河提出了更高的要求。随着经济社会的发展,基础设施不断增加,社会财富日益增长,且人口和财富将进一步向城市汇集,黄河一旦决口,势必会造成巨大灾难,将打乱我国经济社会发展的战略部署。据初步估算,如果北岸原阳以上或南岸开封附近及其以上堤段发生决口泛滥,直接经济损失将达数千亿元。此外,黄河洪水泥沙灾害还会造成十分严重的后果,大量铁路、公路及生产生活设施,治淮、治海工程,引黄灌排渠系等都将遭受毁灭性的破坏,造成群众大量伤亡,泥沙淤塞河渠,良田沙化等,对经济社会发展和生态环境造成的不利影响将长期难以恢复。

黄河下游的历史灾害和现实威胁充分说明黄河安危事关重大,它与淮河、海河流域的治理,与黄、淮、海平原的国计民生息息相关。黄、淮、海平原经济社会的快速发展,对黄河安全提出了越来越高的要求,确保黄河安澜,对保障国家经济发展、社会稳定和全面建设小康社会具有重要的战略意义。

5.1.2　国家重要的能源基地

能源是我国经济社会发展的重要制约因素,事关经济安全和国家安全。我国是一个人口众多的发展中国家,要达到较高水平的现代化社会还要走相当长的路。随着经济社会的持续发展和人民生活水平的不断提高,能源需求还将继续增长。

黄河上中游地区地域辽阔,资源丰富,是我国重要的能源、重化工基地,综合开发潜力很大,油气资源、煤炭资源和多种矿产资源具有明显的优势,是我国经济持续发展重要的能源、矿产资源储备区和接替区,目前已规划或建设了宁东、鄂尔多斯、陕北、晋中等重要能源基地以及宝鸡—天水经济区。

5.1.3　流域粮食自给事关国家粮食安全

黄河流域及下游引黄地区地域辽阔、土壤肥沃、光热资源丰富、昼夜温差大,日照时数大部分地区在 2 400 ~ 3 200 h 的范围内,日照百分率多在 60% 以上,大于 10 ℃的年积温 2 200 ~ 4 000 ℃,有利于小麦、玉米、棉花、花生和苹果等多种名、优、特粮油和经济作物的生长。上游丰茂的草原和宁蒙平原是我国畜牧业和粮食生产基地,中游的汾渭盆地以及下游的沿黄平原是我国粮食、棉花、油料的重要产区,在我国国民经济建设中具有十分重要的战略地位。

黄河流域及下游引黄地区近 20 年年均粮食产量约 5 862 万 t,占全国粮食总产量的 12%,基本解决了 1.6 亿多人口的吃饭问题,为国家粮食安全做出了重大贡献。根据黄河流域土地和耕地资源分布情况,从国家建设社会主义新农村和全面建设小康社会的要求出发,合理配置黄河水资源和外流域调入的水量,保证必要的灌溉用水需求,发展一定规模的生态灌区,促进粮食生产,保障流域粮食自给,对于保障国家粮食安全意义重大。

据估算分析,保护现有耕地,加大节水力度和灌区改造,依靠黄河水资源和外调水量,在粮食主产区和粮食后备基地建设一批以农业灌溉用水为主要目标的供水工程,在促进粮食生产的条件下,2030 年水平流域及下游引黄灌区粮食生产能力可达 8 000 万 t 左右,人均粮食产量可维持在 400 kg 左右,基本实现粮食自给,将为实现国家粮食安全提供有力支撑。

5.1.4　华北的主要生态屏障

黄河流域地域广阔,资源丰富,但由于其独特的气候条件和地理环境,部分地区生态环境极为脆弱。长期以来,因人口增长和经济社会的发展,对土地和水等自然资源的需求量超过了环境的承载能力,生态系统遭到破坏,水土流失、土地沙漠化、沙尘暴加剧,不仅损害了当地人民的生存环境,而且对我国中、东部地区和首都圈的生态安全及环境质量构成严重威胁。流域生态环境保护问题,已成为全社会关注的焦点,对全国生态安全的保障具有重要意义。

由于气候和水等自然条件的制约,黄河流域和邻近的河西内陆河地区生态环境脆弱。随着人类活动影响加剧,生态环境日趋恶化,直接威胁着国家西部大开发和可持续发展战略的实施。因此,在国民经济建设进程中,必须注重流域生态环境脆弱的特点,从西部和国家的长远生态安全出发,用战略观点认识保护生态安全的重要性,确保区域生态安全,保护并促进西部大开发进程,实现经济建设与生态环境建设双赢的目标。

5.2　黄河河道内基本生态环境需水量

河道内基本生态环境需水量是指维持河道基本生态环境功能所需的最小水量,它包括防止河道断流、保持水体稀释和自净能力、保护水生生物、输沙减淤、保护湖泊湿地和河口生态等所需的最小水量。河道内需用水分类见图 5-1。

维持河道基本环境功能需水量,即维持和保护通河湖泊湿地需水量和河口生态环境需水量。黄河河道内基本需用水主要是指维持河道基本功能的生态需水,即黄河河道基流量和输沙水量。

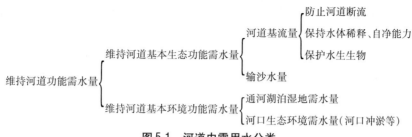

图 5-1 河道内需用水分类

5.2.1 河道内基流

黄河河道内生态基流的水量包括保持黄河河道不断流,维持河口三角洲湿地、水质、生物及其生存环境需水量等。

5.2.1.1 利津断面河道生态基流

利津是黄河最后一个水文断面,紧邻黄河入海口,因此通常用利津断面代表黄河下游断面。

黄河三角洲是我国暖温带最完整、最广阔、最年轻的新生生态系统,丰富的水沙资源和相对较少的人类活动,使这里成为野生生物的天堂,东南亚和澳洲候鸟迁徙的主要停留和繁殖、育幼地,也是部分迁徙水生候鸟生命周期中最关键时段所不可替代的生境。据调查,这里共有鸟类 283 种,其中国家一级保护鸟类 9 种、二级保护鸟类 41 种;共有鱼类 193 种,其中国家一级保护动物 2 种、二级保护动物 7 种。其中,主要保护性鸟类的栖息生境为湿地景观类型,具有重要的保护意义。

河道内生态环境需水量研究主要采用的方法包括 Tennant 法、典型月径流法、最小月径流法和连续枯水年月径流法等基于原型观测的标准值设定法。自 20 世纪 80 年代以来,围绕河道不断流、河口生态、水质等方面相继开展了多项研究,取得了一系列成果,主要研究成果见表 5-1。

表 5-1 利津断面非汛期生态环境需水量研究成果

成果名称	低限生态需水量		适宜生态需水量	
	流量(m³/s)	水量(亿 m³)	流量(m³/s)	水量(亿 m³)
黄河流域生态环境需水研究	162	34	371	78
黄河健康修复目标和对策研究	75~150	20	120~250	38
三门峡以下非汛期水量调度系统关键问题研究	50~87	42.3	—	58.3

黄河流域生态环境需水研究(南京水利科学研究院,2005 年 10 月):在考虑下游河道不断流、维持一定的河流规模(包括湿周、水面宽度、过水水面面积、河流纵比降等参数)的情况下,利津断面最小生态流量为 162 m³/s,相应的非汛期径流量为 34 亿 m³;从考虑河流水生生物的栖息环境、维持河道内生物多样性等方面分析,利津断面适宜的生态流量为 371 m³/s,相应的非汛期径流量为 78 亿 m³。

黄河健康修复目标和对策研究("十一五"国家科技支撑计划项目,黄河水利科学研究院,2009 年 5 月):从陆域湿地、河流湿地和近海湿地等方面对利津生态环境需水量进行了研究,提出黄河利津断面非汛期低限生态环境需水量为 20 亿 m³,适宜生态需水量为 38 亿 m³。

三门峡以下非汛期水量调度系统关键问题研究("九五"国家重点科技攻关计划项目,黄河水利委员会设计院,2001 年 12 月):对利津地区非汛期生态环境需水量进行了分析,主要包括三角洲湿地生态需水量 7.4 亿 m³,河口近海生物需水量 24 亿~40 亿 m³,河口景观环境需水量 18.3 亿 m³;非汛期利津地区生态需水量为 42.3 亿~58.3 亿 m³。

综合各项成果分析,利津断面非汛期生态环境基本需水量在 50 亿~70 亿 m³。

5.2.1.2　河口镇断面生态基流

河口镇断面是黄河上、中游的分界,由于黄河上游与中下游的河势及生态环境状况差别较大,因此关于河口镇生态基流的研究已取得大量成果,见表 5-2。

表 5-2　河口镇断面非汛期生态环境需水量研究成果

成果名称	低限生态需水量		适宜生态需水量	
	流量(m^3/s)	水量(亿 m^3)	流量(m^3/s)	水量(亿 m^3)
黄河流域生态环境需水研究	96	20	244	51
黄河健康修复目标和对策研究	75~150	20	120~480	59
黄河黑山峡河段开发方案补充论证报告	—	—	250~510	77

黄河流域生态环境需水研究(南京水利科学研究院,2005 年 10 月):在考虑下游河道不断流、维持一定的河流规模的情况下,河口镇断面最小生态流量为 96 m³/s,相应的非汛期径流量为 20 亿 m³;从考虑河流水生生物的栖息环境、维持河道内生物多样性等方面分析,河口镇断面适宜的生态流量为 244 m³/s,相应的非汛期径流量为 51 亿 m³。

黄河健康修复目标和对策研究("十一五"国家科技支撑计划项目,黄河水利科学研究院,2009 年 5 月):从河道不断流、水体自净需水、生物生存环境等方面考虑,河口镇断面非汛期 11 月至次年 6 月河道内生态环境需水量为 59 亿 m³。

黄河黑山峡河段开发方案补充论证报告(黄河设计公司,2008 年 10 月):对宁蒙河段防凌流量进行了研究,提出 11 月至次年 3 月防凌流量分别为 500 m³/s、510 m³/s、430 m³/s、380 m³/s、370 m³/s,宁蒙河段 11 月至次年 3 月生态需水量共 57 亿 m³,宁蒙河段 4~6 月生态流量按 250 m³/s 考虑,生态需水量为 20 亿 m³,则河口镇断面非汛期 11 月至次年 6 月生态需水量为 77 亿 m³。

综合上述分析,在满足防凌要求和生态环境要求的情况下,河口镇断面非汛期生态需水量为 77 亿 m³,考虑到生态环境和中下游用水要求,最小流量为 250 m³/s。

5.2.2　河道内输沙需水量

黄河中下游未来沙情的预测,是河道输沙用水量计算的基础。根据近期黄河治理开发程度不断增大的实际,可以预见未来黄河平均来沙量将呈减少的趋势,因此来沙量预测应考虑两方面因素:未来天然来沙量和人类活动影响量。

5.2.2.1 天然来沙量预测

天然来沙量指的是在水土保持治理前的下垫面条件下的产沙量,因此未来天然来沙量的多少主要取决于降雨情况。当前,超过 1 年的超长期降雨预测是世界性难题,预测结果准确性不高,但对于黄河流域降雨周期性变化规律未发生改变的认识是多数人认同的,在此基础上预测黄河未来天然来沙量仍保持 16 亿 t 左右。黄河天然来沙量 16 亿 t 指的是陕县站(三门峡)1919 ~ 1960 年的实测年均沙量 16.04 亿 t,同样以该时期的实测沙量表示各站的天然沙量,则河口镇、龙门、华县的天然沙量分别为 1.42 亿 t、10.63 亿 t 和 4.24 亿 t。

5.2.2.2 人类活动影响量预测

1.2020 水平年和 2030 水平年人类活动影响

人类活动影响量主要取决于流域水土保持作用,水保减沙作用分析一般都是根据各水平年的水土保持措施量与各项措施减沙指标综合分析得来的。20 世纪 70 年代以来,黄土高原开展了大规模综合治理,取得了显著的成效。水利部第二期水沙基金项目(黄河水利科学研究院,1999 年),从方法、指标、含沙量等方面对研究成果进行了分析比较,以50、60 年代作为基准年,计算 1970 年以后各时期的水利水保工程减沙量为 3.075 亿 t,见表 5-3。

表 5-3　1970 年以后黄河上中游水利水保工程减沙量计算成果表　　(单位:亿 t)

站名(区间)	1970 ~ 1979 年	1980 ~ 1989 年	1990 ~ 1999 年	1970 ~ 1999 年
龙门	1.451	2.791	2.518	2.225
河津	0.185	0.218	0.217	0.206
张家山	0.236	0.266	0.298	0.263
㳇头	0.123	0.047	0.062	0.079
咸阳	0.281	0.311	0.318	0.304
5 站合计	2.276	3.633	3.413	3.077

注:计算以 20 世纪 50、60 年代作为基准年。

依据上述分析,认为现状水平水土保持措施的年均减沙量为 3 亿 t。

2. 不同水平年主要水文站减沙量预测

根据第二期黄河水沙变化研究基金的汇总成果,对减沙量的地区分布进行了分析研究,预测 2030 年龙门、潼关、华县的平均减沙量分别为 4.90 亿 t、7.00 亿 t、1.33 亿 t,来沙量则分别为 5.73 亿 t、9.04 亿 t 和 2.91 亿 t,见表 5-4。

5.2.2.3 黄河下游河道输沙规律研究

根据 1950 ~ 2002 年下游河道 53 年输沙率修正资料,考虑汛期引沙后计算全下游冲淤量,建立黄河下游花园口断面汛期泥沙淤积与来水来沙之间的关系(见图 5-2)

$$W = 22W_s - 42.3Y_s + 86.8 \qquad (5-1)$$

式中:W 为输沙水量,亿 m³;W_s 为来沙量,亿 t;Y_s 为下游河道在该来沙情况下的允许淤积量,亿 t。

表 5-4　不同水平年各站来沙量预测表　　　　　（单位：亿 t）

项目	水平年	三门峡（潼关）	龙门	华县
1919～1960 年来沙量		16.04	10.63	4.24
占减沙量比例（%）		100	70	19
减沙量	2020 年	6.00	4.20	1.14
	2030 年	7.00	4.90	1.33
来沙量	2020 年	10.04	6.43	3.10
	2030 年	9.04	5.73	2.91

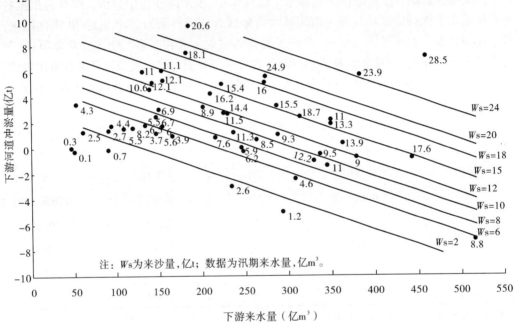

图 5-2　黄河下游花园口汛期河道冲淤与来水来沙间关系

根据公式(5-1)，在已知来沙量和下游河道允许淤积量的前提下，可求得汛期花园口控制站输沙水量。

同样建立汛期利津站输沙水量与下游来沙量和水量的关系（见图 5-3）

$$\frac{W_{利}}{W_{s利}} = 21.84 W_s^{-0.5179} \cdot W^{0.2643} \tag{5-2}$$

式中：$W_{利}$ 为汛期利津输沙水量，亿 m³；$W_{s利}$ 为汛期利津沙量，亿 t；W_s 为汛期下游来沙量，亿 t；W 为花园口站汛期输沙水量，亿 m³。

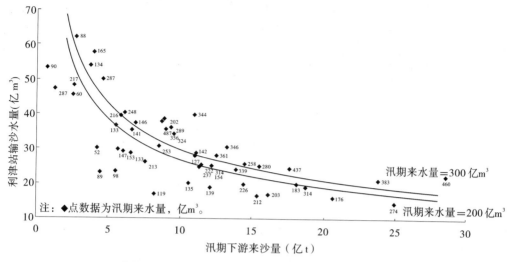

图 5-3　黄河下游汛期利津输沙用水与来水来沙之间的关系

5.2.2.4　下游河道维持冲淤基本平衡的需水量

根据历年小浪底水库运用方式的研究,下游河道维持基本平衡的年数在 15～20 年。如果按最大冲刷量为 16 亿 t 和冲淤量基本平衡年数为 20 年考虑,则第 15～20 年年均淤积量在 2.6 亿 t 左右;同时根据预测第 15～20 年年均来沙量约 10.3 亿 t,则河道淤积比约为 25%,这一淤积水平符合黄河下游长时期淤积调整的特点。

根据前述对黄河下游输沙水量的研究成果,计算可得下游输沙用水量(见表 5-5):按照非汛期利津水量为 50 亿 m³ 考虑,计算可得利津汛期输沙用水量约为 149 亿 m³,年需水量约为 199 亿 m³;花园口汛期输沙用水量、非汛期需水量分别约为 171 亿 m³ 和 130 亿 m³,年平均需水量约为 301 亿 m³。

表 5-5　下游维持冲淤平衡的输沙用水量计算成果(第 15～20 年)

时期	来沙量 (亿 t)	冲淤量 (亿 t)	花园口需水量 (亿 m³)	利津需水量 (亿 m³)
非汛期	0.3	−0.6	130	50
汛期	10.0	3.2	171	149
全年	10.3	2.6	301	199

由上述成果计算汛期输沙效率,约为 26 m³/t,即利津汛期 26 亿 m³ 水输送 1 亿 t 泥沙,符合长期以来对黄河下游输沙特点的认识。

1.非汛期需水量

在三门峡、小浪底水库"蓄清排浑"运用的调节作用下,非汛期基本为清水,来沙极少,初步估计约为 0.3 亿 t,河道发生冲刷。

根据对黄河下游非汛期冲淤规律的研究,根据非汛期月来水来沙量及相应河道冲刷量,可以建立下游河道冲刷量与来水来沙条件之间的关系如下

$$W_s - C_s = \begin{cases} 0.002W^{2.13} & (W \leqslant 50) \\ 0.03W^{-0.67} & (W > 50) \end{cases} \tag{5-3}$$

式中：W_s 为月来沙量，亿 t；C_s 为月冲淤量，亿 t；W 为月水量，亿 m³。

为了得到非汛期来水来沙和河道冲淤间的关系，利用非汛期资料建立了非汛期河道冲淤与来水来沙之间的关系，河道淤积冲淤量取正，河道冲刷冲淤量取负。在来水量为130 亿 m³ 和来沙量为 0.3 亿 t 的条件下，计算下游河道的冲淤量为 -0.6 亿 t（见表5-6）。根据小浪底水库运行以来非汛期的引水引沙情况来计算非汛期下游引沙量，非汛期年平均引水量为 47.3 亿 m³，引沙量为 0.27 亿 t，平均引水含沙量为 6 kg/m³，则非汛期引沙量约为 0.5 亿 t。

表5-6　下游非汛期需水量

来沙量 （亿 t）	引水量 （亿 m³）	引沙量 （亿 t）	冲淤量 （亿 t）	利津需水量 （亿 m³）	花园口需水量 （亿 m³）
0.3	80	0.5	-0.6	50	130

2. 汛期输沙水量

汛期输沙水量指的是在一定淤积水平下输送一定量级的泥沙所需要的水量。来沙量为预测年来沙量减去非汛期来沙量（0.3 亿 t）；淤积水平以淤积量为指标，根据所确定的年淤积指标加上非汛期冲刷量即为汛期的允许淤积量。

在已知来沙量和淤积量条件下，根据式（5-1）和式（5-2）即可计算出不同条件下花园口和利津的汛期输沙水量。具体分为年来沙量 9 亿 t 和 8 亿 t 两个方案，计算结果见表5-7和图5-4。由表5-7可知，在年来沙量为 9 亿 t 的条件下，若要维持下游淤积比在20% ~ 30%，即汛期淤积量为 2.40 亿 ~ 3.30 亿 t，汛期利津需要输沙水量为 113 亿 ~ 161 亿 m³，花园口汛期需要输沙水量为 139 亿 ~ 187 亿 m³；在年来沙量为 8 亿 t 的条件下，若要维持下游淤积比在20% ~ 25%，即汛期淤积量为 2.20 亿 ~ 2.60 亿 t，汛期利津需要输沙水量为 117 亿 ~ 144 亿 m³，花园口汛期需要输沙水量为 146 亿 ~ 163 亿 m³。

表5-7　汛期下游输沙水量计算成果

年淤积 比（%）	年来沙量 9 亿 t			年来沙量 8 亿 t		
	汛期淤积量 （亿 t）	花园口输沙 水量（亿 m³）	利津输沙水量 （亿 m³）	汛期淤积量 （亿 t）	花园口输沙 水量（亿 m³）	利津输沙水量 （亿 m³）
30	3.30	139	113	3.00	129	100
25	2.85	158	132	2.60	146	117
22	2.60	169	143	2.36	156	138
20	2.40	187	161	2.20	163	144
15	1.95	196	169	1.80	180	152
0	0	253	226	0	231	204

同时计算了维持下游淤积平衡的输沙水量，在年来沙量为 9 亿 t 和 8 亿 t 的条件下，汛期花园口分别需要输沙水量为 253 亿 m³ 和 231 亿 m³，利津分别需要输沙水量为 226 亿 m³ 和 204 亿 m³。根据计算成果，汛期下游的输沙效率在 25 ~ 32 m³/t，即利津汛期输送 1 亿 t 泥沙需要 25 亿 ~ 32 亿 m³ 水量，符合下游汛期输沙规律。

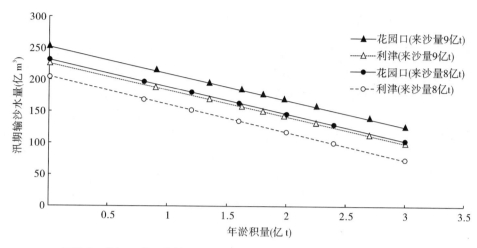

图 5-4 黄河下游汛期输沙水量计算(非汛期利津输沙水量为 50 亿 m³)

3. 全年需水量

根据汛期、非汛期输沙水量的计算成果,可确定全年的需水量,表 5-8 给出了下游淤积量在 2 亿 t 和维持冲淤平衡,来沙量分别为 9 亿 t 和 8 亿 t 的成果。如果以多年汛期平均冲淤情况考虑,来沙量为 9 亿 t,淤积量为 2 亿 t 时花园口、利津的年需水量分别为 299 亿 m³ 和 193 亿 m³;如果要达到下游冲淤平衡,来沙量为 9 亿 t 时花园口、利津的年需水量分别为 383 亿 m³ 和 276 亿 m³。

表 5-8 黄河下游全年需水量计算成果(2030 水平年)

年来沙量 (亿 t)	淤积量 (亿 t)	年内时期	来沙量 (亿 t)	冲淤量 (亿 t)	花园口需水量 (亿 m³)	利津需水量 (亿 m³)
9	2	非汛期	0.3	−0.6	130	50
		汛期	8.7	2.6	169	143
		全年	9.0	2.0	299	193
	0	非汛期	0.3	−0.6	130	50
		汛期	8.7	0.6	253	226
		全年	9.0	0	383	276
8	2	非汛期	0.3	−0.6	130	50
		汛期	7.7	2.6	156	138
		全年	8.0	2.0	286	188
	0	非汛期	0.3	−0.6	130	50
		汛期	7.7	0.6	231	204
		全年	8.0	0	361	254

注:表中冲淤量为负值表明非汛期河道有淤积。

5.2.3　河道内生态需水量

河道内需用水的"一水多用性",使得河道内各类需用水水位相互嵌套重叠,故河道内基本生态环境需水量应取各类需用水中的最高水位对应的某类需用水量。因此,本次黄河河道基本生态环境需用水量评价研究主要计算了黄河河道基流量和输沙水量两类河道内基本需用水量,由此确定的河道内基本需水量称为"河道内基本生态环境理论需水量"。另外,汛期黄河各控制节点水文站断面以上会有部分河道外难于控制利用的下泄洪水弃水,这部分水量与河道内各类生态环境需用水重叠,应与前述河道基流量和输沙水量一并考虑,即当汛期难于控制利用下泄洪水大于基流量和输沙水量中的任何一个时,汛期实际河道内基本生态环境需水量取"0";当汛期难于控制利用下泄洪水小于二者中的任何一个时,则汛期实际河道内基本生态环境需水量取其差值,这样确定的河道内基本需水量称为"河道内基本生态环境实际需水量"。

黄河河道基本生态环境需水量计算成果表明:要实现黄河下游河道的冲刷和淤积平衡(即零淤积水平),黄河花园口、利津断面河道基本生态环境需水量分别为 361 亿 ~ 383 亿 m^3 和 254 亿 ~ 276 亿 m^3。

5.3　黄河流域经济社会发展及其对水资源的需求

5.3.1　经济社会发展布局

5.3.1.1　近 30 年来经济社会发展情况

改革开放以来,黄河流域经济社会得到快速发展。1980 年国内生产总值(GDP)为 916.4 亿元,2006 年达到 13 733.0 亿元(2000 年不变价,下同),年均增长率为 11.0%,人均 GDP 由 1980 年的 1 121 元增加到 2006 年的 12 154 元,增长了 9.8 倍;总人口由 1980 年的 8 177.0 万人增加到 2006 年的 11 298.8 万人,年增长率为 12.5‰,城镇化率由 17% 增加到 39%;工业增加值从 1980 年的 310.0 亿元,增加到 2006 年的 6 684.1 亿元,年增长率为 12.5%;农田有效灌溉面积从 1980 年的 6 492.5 万亩,增加到 2006 年的 7 764.6 万亩,26 年新增农田有效灌溉面积 1 272.1 万亩,详见表 5-9 和图 5-5。

表 5-9　黄河流域经济社会发展主要指标(2000 年不变价)

年份	总人口 (万人)	GDP (亿元)	人均 GDP (元)	工业增加值 (亿元)	农田有效灌溉面积 (万亩)
1980	8 177.0	916.4	1 121	310.0	6 492.5
1985	8 771.4	1 515.8	1 728	489.0	6 404.3
1990	9 574.4	2 280.0	2 381	739.5	6 601.2
1995	10 185.5	3 842.8	3 773	1 474.8	7 143.0
2000	10 971.0	6 565.1	5 984	2 559.1	7 562.8
2006	11 298.8	13 733.0	12 154	6 684.1	7 764.6

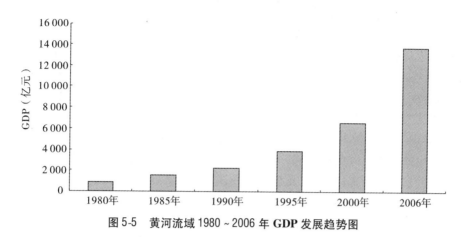

图 5-5　黄河流域 1980 ~ 2006 年 GDP 发展趋势图

黄河流域经济社会发展的特点是,人口逐渐由农村向城市集中,农业在经济总量中的比重下降,工业发展较快,其中能源产业和原材料产业发展迅速,第三产业在经济总量中的比重上升较快。

5.3.1.2　经济社会发展布局

黄河流域经济发展受自然资源、地理位置、经济发展水平等条件影响较大,其主要特点包括:一是矿产、能源资源丰富,在全国占有重要地位,开发潜力巨大,随着国家经济发展对能源需求的增加,能源、重化工等行业在相当长的时期还要快速发展;二是黄河流域土地资源丰富,黄河上中游地区还有宜农荒地约 3 000 万亩,占全国宜农荒地总量的 30% ,是我国重要的后备耕地,只要水资源条件具备,开发潜力很大。目前,黄河流域人均经济指标低于全国平均水平,随着国家经济发展战略的调整,国家投资力度将向中西部地区倾斜,为黄河流域经济的发展提供了良好的机遇,其发展速度将高于全国平均水平。因此,预计黄河流域在未来一段时间内,社会经济将呈持续、快速的态势发展。

黄河流域农业的发展是在绝不放松粮食生产的基础上,调整种植结构,大力发展特色种植业、养殖业、林果业等。在土地的利用上,对现有耕地进行严格保护,结合灌区节水改造和新建灌区发展一部分灌溉面积。

5.3.2　国民经济发展态势

国民经济发展指标根据国家总体发展战略和全面建设小康社会的奋斗目标要求,以《国民经济和社会发展第十一个五年规划纲要》为基础,参考国务院宏观经济研究院《国民经济发展布局与产业结构预测研究》和流域各省(区)规划进行预测。

5.3.2.1　人口发展及其分布

根据国家对人口的控制目标,实现到 21 世纪中叶全国人口零增长的需要,考虑黄河流域现状人口增长情况和各地区差异,预测 2020 年和 2030 年黄河流域人口总量分别为 12 659 万人和 13 094 万人;城镇人口分别为 6 374 万人和 7 704 万人,城镇化率分别增至 50% 和 59% 。未来城镇化发展较快的地区主要分布在兰州—河口镇和三门峡—花园口地区。

5.3.2.2　农林牧渔畜发展布局

从农业发展布局看,黄河流域农业主要集中在黄河上中游地区和下游流域外引黄灌区,受到水土资源及资金等条件的限制,今后农田灌溉发展的重点是搞好现有灌区的改建、续建、配套和节水改造,充分发挥现有灌溉面积的经济效益,根据水土资源条件和可能兴建的水源工程,适当布置部分新灌区。灌区续建配套与节水改造发展灌溉面积主要考虑了《全国大型灌区续建配套与节水改造规划报告》中的大型灌区新增灌溉面积,2000～2020年将增加灌溉面积346万亩。新建、续建灌区发展灌溉面积主要集中在青海引大济湟、塔拉滩电灌工程;甘肃引大入秦、东乡南阳渠等灌溉工程配套,结合洮河九甸峡枢纽的建设,逐步开发引洮灌区;续建宁夏扶贫扬黄工程("1236"工程)、陕甘宁盐环定灌区。2030年水平新增灌溉面积364万亩,达到一期规划500万亩的规模;陕西完成东雷二期抽黄灌溉工程,结合南沟门水库等发展部分灌溉面积;山西省开发马莲圪塔水库灌区(引沁入汾);河南省续建小浪底南岸灌区、故县水库灌区等工程。预计黄河流域2020年和2030年农田有效灌溉面积分别为8 383万亩和8 697万亩。

大力发展林果业和牧业,逐步扭转农业内部各产业发展不协调、结构单一、农业产业化程度低的局面,改善农牧民生产生活条件、尽快脱贫致富。现状黄河流域林牧灌溉面积为789.7万亩,根据林牧发展思路,预计到2020年和2030年林牧灌溉面积分别发展为958.3万亩和1 182.5万亩。

5.3.2.3　工业发展布局

按照21世纪初我国经济发展战略布局,黄河流域重点建设的地区包括:一是以兰州为中心的黄河上游水电能源和有色金属基地,包括龙羊峡至青铜峡的沿黄地带,加快开发水力资源和有色金属矿产资源,适当发展相关加工工业;二是以西安为中心的综合经济高科技开发区,集中力量将该地区建成以加工工业为主,具有较高科技水平的综合经济开发区,成为西北地区实现工业化的技术装备基地;三是黄河中游能源基地,包括宁夏东部、陕北、内蒙古西部、山西南部等,加快煤炭资源开发和电力建设,建成以煤、电、铝、化工等工业为重点的综合性工业开发区;四是以黄河下游干流为主轴的黄淮海平原经济区,今后将建成全国重要的石油和海洋开发、石油化工基地,以及以外向型产业为特色的经济开发区。

现状年黄河流域火电装机容量5 641万kW,预测到2020年和2030年黄河流域火电装机容量将分别达到14 731万kW和17 631万kW。火电装机76%分布在宁夏、内蒙古、陕西和山西四省(区);现状年非火电工业增加值为6 477.1亿元,预测非火电工业增加值到2020年和2030年将分别达到18 395.6亿元和35 687.4亿元,主要分布在龙门—三门峡区间、兰州—河口镇区间的陕西、山西、河南、内蒙古、甘肃等省(区);现状年黄河流域建筑业与第三产业增加值为5 822.6亿元,预测建筑业与第三产业增加值到2020年和2030年将分别达到19 627.7亿元和36 882.9亿元,占GDP的比重呈逐渐上升趋势。

5.3.2.4　国内生产总值发展预测

据统计,黄河流域国内生产总值从1980年的916.4亿元,增加到2006年的13 733.0亿元,年均增长率为11.0%,与全国平均水平相当。考虑到黄河流域目前经济水平较低,与东部差距较大,但具有矿产、能源等优势,为逐步缩小东西部差距,预计未来一段时间内,黄河流域经济社会将呈持续、快速和稳定的态势发展。

预计到 2020 水平年和 2030 水平年黄河流域国内生产总值分别达到 40 968.60 亿元和 76 799.25 亿元,2006～2020 年和 2020～2030 年年均增长率分别为 8.12% 和 6.49%,2006～2030 年年均增长率为 7.44%,详见表 5-10。2020 水平年和 2030 水平年黄河流域人均 GDP 将分别达到 3.24 万元和 5.87 万元(全国人均分别为 3.1 万～4.2 万元和 6 万～7 万元)。到 2020 水平年基本实现"十七大"提出的建设小康社会的奋斗目标,但仍低于全国平均水平。

表 5-10　黄河流域国内生产总值预测(2000 年不变价)

二级区	2006 年 GDP (亿元)	2020 年		2030 年		2006～2030 年年均增长率 (%)
		GDP (亿元)	2006～2020 年年均增长率(%)	GDP (亿元)	2020～2030 年年均增长率(%)	
龙羊峡以上	39.15	104.58	7.27	200.68	6.73	7.05
龙羊峡—兰州	794.79	2 658.14	9.01	5 438.47	7.42	8.34
兰州—河口镇	2 735.61	8 381.15	8.33	16 238.19	6.84	7.70
河口镇—龙门	720.30	2 751.82	10.05	5 297.20	6.77	8.67
龙门—三门峡	5 466.13	16 562.11	8.24	30 148.81	6.17	7.37
三门峡—花园口	1 945.48	5 063.67	7.07	9 427.15	6.41	6.80
花园口以下	1 922.84	5 111.43	7.23	9 434.12	6.32	6.85
内流区	108.70	335.70	8.39	614.63	6.23	7.49
黄河流域	13 733.00	40 968.60	8.12	76 799.25	6.49	7.44

2006 年黄河流域三次产业结构为 8.9∶55.8∶35.3,根据国家产业结构调整和西部大开发战略的实施,预计到 2030 年水平,黄河流域三次产业结构将调整为 4.7∶52.7∶42.6。第一产业增加值占国内生产总值(GDP)的比重将持续下降;第二产业的比重逐渐减少,主要是优化内部结构,黄河流域是全国能源重化工基地,根据国家发展的需要,今后能源、原材料工业还要保持高速发展,同时积极增加制造业和高新技术产业;第三产业比重提高较快。

5.3.3　黄河流域用水现状

5.3.3.1　黄河流域供、用水现状

2006 年黄河流域降水量为 407 mm,较多年平均降水量少 8.9%,天然河川径流量为 408.08 亿 m³,较多年平均径流量少 23.7%。黄河总供水量为 512.08 亿 m³,其中向流域内供水 422.73 亿 m³,向流域外供水 89.35 亿 m³。在流域内供水量中,地表水供水量为 285.55 亿 m³,地下水供水量为 137.18 亿 m³。

2006 年黄河流域内各部门总用水量 422.72 亿 m³,其中农、林、渔、畜用水 304.70 亿 m³,占总用水量的 72.1%;工业用水 69.66 亿 m³,占总用水量的 16.5%;生活用水(包括城镇

生活、农村生活)36.44 亿 m³,占总用水量的 8.6%;生态用水 11.92 亿 m³,占总用水量的 2.8%,见表 5-11。

表 5-11　2006 年黄河流域内总用水量调查统计表　　　（单位:亿 m³)

二级区、 省(区)	城镇 生活	农村 生活	工业	农田 灌溉	林果 鱼塘	牲畜	生态 环境	总用 水量
龙羊峡以上	0.06	0.09	0.04	0.76	0.55	0.64	0.21	2.35
龙羊峡—兰州	1.94	1.01	10.71	20.48	1.56	0.67	0.78	37.15
兰州—河口镇	4.67	1.35	15.67	137.99	13.44	1.34	6.49	180.95
河口镇—龙门	1.01	1.02	4.43	8.69	0.63	0.61	0.37	16.76
龙门—三门峡	10.72	5.63	22.25	59.62	3.31	1.91	2.38	105.82
三门峡—花园口	2.83	1.70	9.34	17.68	0.28	0.66	0.82	33.31
花园口以下	2.32	1.93	6.82	28.91	0.52	1.05	0.41	41.96
内流区	0.11	0.05	0.40	2.09	1.15	0.16	0.46	4.42
青海	0.97	0.51	3.35	13.26	1.23	0.76	0.53	20.61
四川	0.01	0.01	0.01	0.07	0.00	0.13	0.00	0.23
甘肃	3.11	2.07	12.73	23.62	1.61	1.01	1.02	45.17
宁夏	1.40	0.55	5.20	61.42	6.07	0.32	3.01	77.97
内蒙古	2.50	0.73	8.85	74.40	8.42	1.19	3.77	99.86
陕西	6.44	3.27	13.80	33.94	2.54	1.19	1.69	62.87
山西	4.27	2.31	9.38	22.83	0.56	0.81	0.49	40.65
河南	2.94	2.47	10.95	36.89	0.58	0.99	1.12	55.94
山东	2.01	0.88	5.40	9.79	0.44	0.64	0.29	19.45
黄河流域	23.66	12.78	69.66	276.22	21.44	7.04	11.92	422.72

5.3.3.2　现状水资源开发利用程度

　　水资源开发利用程度是评价流域水资源开发与利用水平的特征指标,涉及水资源量、供水量与消耗量、地下水开采量四个紧密关联的因素,以地表水开发利用率、地下水开发利用率和地表水消耗率三个指标具体表示。

　　根据 1995～2006 年的统计,黄河流域平均地表水资源量为 417.7 亿 m³,平均地表水供水量为 366.7 亿 m³,地表水开发利用率为 88%。地下水供水量为 140.1 亿 m³,其中平原区浅层地下水开采量约为 100 亿 m³,占平原区地下水可开采量的 84%,但由于地区分布不平衡,部分地区地下水已经超采,部分地区尚有一定的开采潜力。

　　目前黄河流域地表耗水量已达到 300 亿 m³。在多年平均来水情况下,地表水消耗率达到 56%,在中等枯水年份达 68%,在特殊枯水年份达 85%,中枯、特枯年份地表水消耗率已大大超过地表水可利用率。黄河主要支流汾河、沁河、汶河等开发利用率也达到较高水平。

5.3.3.3 黄河流域现状缺水分析

黄河流域现状缺水主要表现在农、林、牧灌溉缺水,河道内生态环境缺水以及地下水的不合理开采。

黄河流域目前约有 1 000 万亩有效灌溉面积得不到灌溉,一些灌区的实际灌溉定额偏低,个别城市及部分乡村供水困难。据分析,现状生产、生活实际缺水量约 47 亿 m³。

由于国民经济用水的增加,河道内生态环境用水被挤占,造成河道内缺水。1995 ~ 2006 年黄河利津断面河道内生态环境用水量为 117.7 亿 m³,仅为断面基本生态环境需水量的 51.4%,在多年平均来水的情况下,河道内缺水达到 111.6 亿 m³。

黄河流域 2006 年平均地下水开采量约为 137.2 亿 m³,部分地区地下水超采严重。据统计,黄河流域地下水不合理开采量(主要为浅层地下水超采量及深层地下水开采量)约为 22 亿 m³。

综上所述,黄河流域现状缺水量(包括生产、生活缺水量,河道内缺水量,地下水不合理开采量)约 180 亿 m³。

5.3.4 黄河流域节水分析

5.3.4.1 节水潜力

黄河流域水资源短缺,现状水资源利用效率不高,因此节水是缓解缺水的有效途径。针对黄河流域现状经济指标、现状用水效率与水平,考虑在可预知的技术水平条件下,黄河流域可能达到的节水标准与节水指标,计算得出黄河流域总体节水潜力。

1. 节水标准与节水指标的拟定

节水标准和节水指标的拟定,一是以国家制定的规程、规范为依据和标准;二是参照国内先进用水指标或世界先进用水指标;三是考虑各地区现状用水水平和将来节水指标实现的可行性与可能性。

2. 节水潜力分析

1)农业节水潜力

挖掘农业节水潜力主要通过三个途径:一是调整农业种植结构;二是依靠农业技术进步;三是通过工程节水措施,有效降低灌溉定额,提高灌溉水利用系数,达到节约水量的目的。

据统计,2006 年黄河流域农田每亩实灌定额为 420 m³,分别高出淮河 130 m³、海河 165 m³ 和辽河 31 m³;灌溉水利用系数为 0.49,比海河流域的 0.64 和淮河流域的 0.50 都低。根据黄河流域现状农业用水水平和节水标准条件下的用水水平,按照农业节水潜力计算方法,农业最大可能节水量为 59.31 亿 m³,节水潜力较大的区域为引黄灌区。

2)工业节水潜力

挖掘工业节水潜力主要通过三个途径:一是调整产业结构,减少高耗水、高耗能、高污染的企业;二是采用先进工艺技术、先进设备等,减少单位增加值取水量;三是提高用水重复利用率,减少新鲜水取用量。

2006 年黄河流域工业用水量为 69.66 亿 m³,万元工业增加值用水定额为 104.2 m³,

重复利用率 61.3%。与其他北方河流如海河和淮河相比,黄河流域工业现状用水定额分别高出 115.4% 和 33.3%,重复利用率偏低 23.6% 和 4.9%,具有一定的节水潜力。根据拟定的节水指标,按照工业节水潜力计算方法,估算黄河流域工业最大可能节水潜力为 22.27 亿 m³。

3)城镇生活节水潜力

生活用水的节水潜力主要从降低供水管网综合损失率和提高节水器具普及率两方面着手,根据拟定的节水指标,按照城镇生活节水潜力计算方法,估算黄河流域城镇生活最大可能节水潜力为 1.99 亿 m³。

4)黄河流域总体节水潜力

综合以上估算,黄河流域总体节水潜力为 83.57 亿 m³,其中农业节水潜力 59.31 亿 m³,占总节水潜力的 71.0%;工业节水潜力 22.27 亿 m³,占总节水潜力的 26.6%;城镇生活最大可能节水潜力为 1.99 亿 m³,占总节水潜力的 2.4%,见表 5-12。

表 5-12　黄河流域总体节水潜力表　　　　　　　　(单位:亿 m³)

省(区)	工业节水潜力	农业节水潜力	生活节水潜力	总体节水潜力
青海	0.91	3.93	0.04	4.88
四川	0	0	0	0
甘肃	1.94	4.14	0.24	6.32
宁夏	1.42	17.92	0.16	19.50
内蒙古	3.00	16.97	0.15	20.12
陕西	3.83	5.07	0.68	9.58
山西	4.04	3.54	0.28	7.86
河南	4.41	6.15	0.24	10.80
山东	2.72	1.59	0.20	4.51
合计	22.27	59.31	1.99	83.57

5.3.4.2　各水平年强化节水下的节水量

在考虑黄河流域未来不同水平年经济社会发展、经济技术水平以及承受能力的前提下,研究提出各水平年黄河流域强化方案节水量。

通过工业强化节水措施,提高工业用水效率,降低单位产值的用水量,到 2020 年万元工业增加值用水定额下降至 52.9 m³,重复利用率提高到 72.3%,可节约水量 15.3 亿 m³,需节水投资 157.0 亿元,单方水投资为 10.3 元;2030 年万元工业增加值用水定额下降至 30.4 m³,重复利用率提高到 87.7%,可节约水量 20.5 亿 m³,需节水投资 283.4 亿元,单方水投资为 13.8 元。

通过农业节水的渠道、田间工程和非工程节水措施安排,到 2020 年流域累计可节约灌溉用水量 40.4 亿 m³,其中工程节水量为 29.6 亿 m³,需节水投资 267.6 亿元,单方水投资为 6.6 元;2030 年全流域累计可节约灌溉用水量 54.2 亿 m³,其中工程节水量为 46.0 亿 m³,

需节水投资 412.2 亿元,单方水投资为 7.6 元。

城镇生活节水主要是降低无效水耗,使城镇供水效率大幅提高。到 2020 年节水器具普及率达到 72.7%,管网输水漏失率降低为 12.8%,可节约水量 1.2 亿 m³,需节水投资 11.9 亿元,单方水投资为 9.9 元;2030 年节水器具普及率达到 80.1%,管网输水漏失率降低为 10.9%,可节约水量 1.7 亿 m³,需节水投资 22.3 亿元,单方水投资 13.1 元。

综合工业、农业灌溉和城镇生活三个行业节水措施,黄河流域到 2020 年和 2030 年累计节水量分别为 56.9 亿 m³ 和 76.4 亿 m³。根据规划的节水措施估算,预计 2006~2020 年节水总投资为 436.5 亿元,2020~2030 年节水总投资为 281.4 亿元,到 2030 年累计节水总投资 717.9 亿元,综合单方水节水投资规划水平年分别为 7.7 元和 9.4 元,见表 5-13。

表 5-13　节水量与节水投资汇总表

水平年	工业节水			农业节水			城镇生活节水			合计		
	节水量 (亿 m³)	节水投资 (亿元)	单方水投资 (元)	节水量 (亿 m³)	节水投资 (亿元)	单方水投资 (元)	节水量 (亿 m³)	节水投资 (亿元)	单方水投资 (元)	节水量 (亿 m³)	节水投资 (亿元)	单方水投资 (元)
2020	15.3	157.0	10.3	40.4	267.6	6.6	1.2	11.9	9.9	56.9	436.5	7.7
2030	20.5	283.4	13.8	54.2	412.2	7.6	1.7	22.3	13.1	76.4	717.9	9.4

5.3.5　经济社会对水资源需求预测

水资源需求预测按各类用水户分为生活、生产和生态三部分。

5.3.5.1　需水量预测方案比选

按照建设节水型社会的要求,以可持续利用为目标,在充分考虑节约用水的前提下,根据各地区的水资源承载能力、水资源开发利用条件和工程布局等众多因素,并参考用水效率较高地区的用水水平,对国民经济需水量进行了多种用水(节水)模式下的需水方案研究,见表 5-14。

1. 现状用水模式方案

方案总体特点是需水量呈外延式增长。从现状至 2030 年黄河流域需水年增长率为 0.84%,基本和 1980 年到现状的用水增长率持平。2030 年黄河流域经济社会需水量将达到 624.51 亿 m³,为了满足该模式需水量,全流域需新增供水量 201.78 亿 m³,废污水排放量为 73.97 亿 m³。

2. 一般节水模式方案

在现状节水水平和相应的节水措施基础上,保持现有节水投入力度,并考虑自 20 世纪 80 年代以来用水定额和用水量的变化趋势,预计 2030 年黄河流域需水总量将达到 585.60 亿 m³,需水量年均增长率为 0.62%,低于 1980 年以来用水增长速率。与现状用水模式相比,需水量减少了 38.91 亿 m³,废污水排放量减少 8.03 亿 m³,方案节水投资为

表 5-14　黄河流域 2030 年不同需水情景方案比较分析　　（单位:亿 m³）

需水方案	2030 年需水量	需新增供水量	节水减少需求量	废污水排放量	综合分析
现状用水模式	624.51	201.78	0	73.97	黄河已无能力提供如此大的供水量,如全部靠调水解决,投资巨大,同时水污染治理投资也大
一般节水模式	585.60	162.87	38.91	65.94	即使考虑南水北调西线工程一期调水 80 亿 m³,缺口仍然较大,如再增加调水,投资大,同时水污染治理投资也较大
强化节水模式	548.06	125.33	76.45	55.69	在考虑各种措施后,基本实现水资源供需平衡

451.40 亿元,单方水投资达到 11.60 元。

3. 强化节水模式方案

在一般节水的基础上,进一步加大节水投入力度,强化需水管理,抑制需水过快增长,进一步提高用水效率和节水水平。该方案特点是实施更加严格的强化节水措施,着力调整产业结构,加大节水投资力度。预计 2030 年黄河流域需水总量达到 548.06 亿 m³,需水量年均增长率为 0.40%,属于需水低速增长。与一般节水相比,需水量减少了 37.54 亿 m³,废污水排放量减少 10.25 亿 m³。该方案节水投资为 705.64 亿元,单方水投资为 9.23 元。

根据各种用水(节水)模式下的需水方案的比选分析,特别是经过水资源供需平衡分析成果的多次协调平衡后,推荐"强化节水模式"下的需水预测成果,该成果符合"资源节约、环境友好型"社会建设的要求,水资源利用效率总体达到全国先进水平,水资源需求总体上呈现低速增长态势。

5.3.5.2　河道外总需水量预测

按照强化节水模式方案,黄河流域多年平均河道外总需水量由基准年的 485.80 亿 m³,增加到 2030 年的 547.32 亿 m³,24 年净增了 61.52 亿 m³,年增长率为 0.5%,见表 5-15。

5.3.6　重要能源基地发展及水资源需求

5.3.6.1　能源化工基地概况

1. 对宁东能源基地的作用

宁东能源基地是国家规划建设的 13 亿 t 级大型煤炭基地之一,随着能源基地人口的增多、国民经济的发展、城市化与工业化进程的加快和人民生活水平的提高,对水资源的需求将持续增加。预测到 2030 水平年,能源基地的工业增加值将达到 1 093.9 亿元,火电装机将达到 1 680.0 万 kW,在大力加强节水型社会建设,充分考虑节水的条件下,宁东

表 5-15　黄河流域河道外总需水量预测　（单位:亿 m³）

二级区、省（区）	基准年	2020 年	2030 年
龙羊峡以上	2.44	2.63	3.39
龙羊峡—兰州	41.78	48.19	50.68
兰州—河口镇	204.40	200.26	205.64
河口镇—龙门	19.40	26.20	32.37
龙门—三门峡	133.72	150.93	158.28
三门峡—花园口	29.89	37.72	40.98
花园口以下	48.66	49.31	49.79
内流区	5.51	5.88	6.19
青海	22.63	25.92	27.67
四川	0.17	0.31	0.36
甘肃	51.95	59.96	62.61
宁夏	91.24	86.40	91.16
内蒙古	107.09	107.13	108.85
陕西	78.16	90.30	98.09
山西	57.19	65.85	69.87
河南	54.86	60.65	63.26
山东	22.50	24.62	25.48
黄河流域	485.80	521.12	547.32

能源基地需水将增加 4.5 亿 m³,而由于区域水资源匮乏,黄河过境取水指标受限,水资源已成为制约基地发展的第一瓶颈要素。

2. 对内蒙古金三角能源基地的作用

内蒙古黄河流域在国家和自治区国民经济中占有重要的地位,以鄂尔多斯的煤炭、天然气和天然碱等资源为依托已成为国家的重要能源重化工基地。依托丰富的煤炭、石油、天然气、电力和各类矿产资源的优势,借助国家西部大开发的良好机遇,内蒙古金三角能源基地经济发展持续出现跨越式发展格局。近期和今后相当长的时期内城镇化、工业化进程和以能源、电力、煤化工、油化工为主的工业都将会有较快的发展。

能源基地属资源型缺水地区,黄河是内蒙古金三角能源基地最重要的供水水源,虽然采取了水权转换的方式,即工业企业投资农业节水置换工业所用水量,各行业也不断加大节水措施和力度,增加再生水和非常规水的利用,但仍然不能从根本上解决缺水问题,水资源已难以支撑经济社会的发展和生态环境的改善。随着经济社会的发展和人民生活水平的提高,该区用水需求将持续增加,据预测金三角能源区 2030 年工业增加值将达到 2 314.1 亿元,新增需水为 6.8 亿 m³,水资源供需矛盾将更加严重,水资源的短缺严重制约了该区经济建设发展,致使很多能源项目迟迟不能上马。

3. 对陕北榆林能源基地的作用

榆林能源化工基地是国家西部大开发重点经济建设区,是国家 21 世纪新的能源基地。榆林能源化工基地处于毛乌素沙漠与黄土丘陵沟壑区交接地带,生态环境十分脆弱,属于资源性缺水地区。水资源开发利用应在遏制生态环境恶化势头的大前提下,合理开发,高效利用当地水资源,以水资源的可持续利用,支持能源基地可持续协调发展。据预测,2030 年陕北能源基地工业增加值将达到 2 946.9 亿元,需水增加 4.2 亿 m^3,当地水资源将出现严重不足。

4. 对山西离柳能源基地的作用

离柳煤电能源基地是以吕梁市为中心的煤焦化工基地,以离石区为中心的煤电能源基地,煤炭资源和其他矿产资源丰富,是山西省新兴的煤炭能源基地。基地位于晋西黄土丘陵沟壑区,自然地理条件差,当前地下水超采,水土流失严重,生态环境恶化。依托当地资源优势近年来经济发展势头迅猛,预测 2030 年基地工业增加值将达到 1 105.9 亿元,新增需水 2.3 亿 m^3,可以预见未来水资源将面临严重短缺。

5. 对甘肃陇东能源基地的作用

陇东能源基地位于甘肃庆阳和平凉境内,属典型的资源性、水质性、工程性缺水地区,供水的极度不足,已严重影响到区域经济可持续发展。根据《鄂尔多斯能源基地开发利用甘肃省规划》,鄂尔多斯盆地的庆阳、平凉两市储存有大量煤炭和石油,规划在 2010 ~ 2030 年期间,新建年开采规模达 498 万 t 的石油开采项目和年开采规模达 6 490 万 t 的煤炭开采项目,并新建相关的石化、煤化和火电工业,2030 年火电装机将达到 1 060.0 万 kW。

随着规划的陇东能源基地的开发建设,当地水资源短缺的问题将更趋严重,应当适时实施外调水工程或通过高水高用、水量置换的方法来解决当地用水问题,在考虑河道内生态环境用水前提下,支流可优先利用当地水,由西线工程增加供水量来补充干流减少的水量。

5.3.6.2　经济社会发展预测

宁东、内蒙古、陕北榆林、山西离柳、甘肃陇东等重点能源化工基地是我国重要的能源储备基地,这些地区能源矿藏资源丰富,而现状工业基础薄弱,各基地 GDP 占各省(区)GDP 总量较小。随着我国经济的快速发展,必将迎来这些地区经济社会的持续快速发展,各基地在其所在省(区)经济社会发展中将发挥更加重要的作用。各基地不同水平年经济社会发展指标预测结果见表 5-16。

5.3.6.3　能源化工基地需水量

根据能源化工基地经济社会发展指标以及需水定额预测结果,计算不同水平年需水量。基准年、2020 年、2030 年能源化工基地总需水量分别为 5.31 亿 m^3、21.85 亿 m^3 和 28.89 亿 m^3,其中生活需水量分别为 0.51 亿 m^3、1.23 亿 m^3 和 1.72 亿 m^3,工业需水量分别为 4.66 亿 m^3、20.09 亿 m^3 和 26.42 亿 m^3,第三产业需水量分别为 0.14 亿 m^3、0.53 亿 m^3 和 0.75 亿 m^3。重要能源化工基地需水量预测结果详见表 5-17。

重要能源化工基地工业基础薄弱,现状用水量为 5.31 亿 m^3,随着基地经济社会的迅速发展,2030 水平年需水量将增加到 28.89 亿 m^3,2005 ~ 2030 年增长率为 7.0%。

表 5-16　重要能源化工基地经济社会发展指标预测

能源基地	水平年	城镇人口（万人）	二产（亿元）				三产（万元）	火电装机（万 kW）
			高用水工业	火核电	一般工业	工业小计		
宁夏宁东	基准年	0	0	0	0	0	0	0
	2020	20.0	221.6	58.2	136.5	416.3	92.7	1 200.0
	2030	40.0	624.7	84.6	384.6	1 093.9	296.3	1 680.0
内蒙古	基准年	0	2.5	83.4	65.3	151.2	0	377.0
	2020	45.9	122.4	109.0	751.8	983.2	106.4	1 800.0
	2030	50.7	332.1	147.0	1 835.0	2 314.1	362.2	2 480.0
陕北榆林	基准年	76.8	49.7	18.4	146.7	214.8	86.0	150.0
	2020	133.5	595.1	80.0	596.3	1 271.4	337.5	1 600.0
	2030	179.3	1 543.5	104.0	1 299.4	2 946.9	742.2	2 080.0
山西离柳	基准年	87.3	0	3.9	120.7	124.6	75.6	87.3
	2020	141.0	115.2	31.0	445.2	591.4	231.7	620.0
	2030	162.8	265.6	39.0	801.3	1 105.9	385.6	780.0
甘肃陇东	基准年	0	0	0	0	0	0	0
	2020	25.0	96.2	27.0	53.4	176.6	21.3	540.0
	2030	38.0	253.4	53.0	116.7	423.1	56.1	1 060.0
合计	基准年	164.1	52.2	105.7	332.7	490.6	161.6	614.3
	2020	365.4	1 150.5	305.2	1 983.2	3 438.9	789.6	5 760.0
	2030	470.8	3 019.3	427.6	4 437.0	7 883.9	1 842.4	8 080.0

表 5-17　重要能源化工基地各部门需水预测　　　　　　　（单位：亿 m³）

能源基地	水平年	生活	工业			第三产业	合计
			火电	非火电	小计		
宁夏宁东	基准年	0	0	0	0	0	0
	2020	0.07	0.94	2.54	3.48	0.07	3.62
	2030	0.15	1.04	2.93	3.97	0.13	4.25
内蒙古	基准年	0	0.75	0.71	1.46	0.00	1.46
	2020	0.15	1.37	3.23	4.60	0.05	4.80
	2030	0.18	1.56	5.20	6.76	0.14	7.08
陕北榆林	基准年	0.27	0.17	1.63	1.80	0.04	2.11
	2020	0.48	1.26	6.91	8.17	0.20	8.85
	2030	0.69	1.27	9.38	10.65	0.30	11.64

能源基地	水平年	生活	工业			第三产业	合计
			火电	非火电	小计		
山西离柳	基准年	0.24	0.14	1.26	1.40	0.10	1.74
	2020	0.45	0.48	2.30	2.78	0.19	3.42
	2030	0.56	0.47	2.94	3.41	0.16	4.13
甘肃陇东	基准年	0	0	0	0	0	0
	2020	0.08	0.42	0.64	1.06	0.02	1.16
	2030	0.14	0.65	0.98	1.63	0.02	1.79
合计	基准年	0.51	1.06	3.60	4.66	0.14	5.31
	2020	1.23	4.47	15.62	20.09	0.53	21.85
	2030	1.72	4.99	21.43	26.42	0.75	28.89

注:2006 年宁夏宁东能源基地和甘肃陇东能源基地尚未建成,没有用水量。

5.4　水资源供需分析

5.4.1　可供水量分析

5.4.1.1　合理利用流域常规水源

黄河流域内地表水现状供水能力为 327.9 亿 m^3,现状实际供水量约为 270 亿 m^3。随着经济社会的发展和人民生活水平的提高,流域将新增一批供水工程。在南水北调西线一期工程生效前,新增的供水工程可增加流域地表水供水能力,在一定程度上缓解流域水资源时空分布不均的问题,但由于受黄河地表水资源可利用量的制约,流域地表可供水量远小于工程供水能力,各水平年地表供水量基本维持在 300 亿 m^3 左右。

黄河流域平原区(矿化度 ≤ 2 g/L)的多年平均浅层地下水资源量为 154.6 亿 m^3,可开采量为 119.4 亿 m^3。黄河流域地下水现状供水量为 137.2 亿 m^3,从黄河流域地下水开采情况分析,部分地区浅层地下水已经超采,部分地区尚存在一定的开采潜力。

未来地下水的利用应坚持开发和保护结合的原则:逐步退还深层地下水开采量和平原区浅层地下水超采量;在尚有地下水开采潜力的宁、蒙地区适当增加地下水开采量;山丘区地下水基本维持现状开采量。未来黄河流域地下水在现状基础上退减深层地下水开采量及浅层地下水超采 24.0 亿 m^3,基准年规划开采量为 113.2 亿 m^3,到 2030 年,新增浅层地下水开采 12.1 亿 m^3,浅层地下水开采量达到 125.3 亿 m^3。

5.4.1.2　积极挖掘非常规水源的供水潜力

黄河流域目前各省(区)污水处理率低、再利用不平衡。根据国家对污水处理再利用的要求,结合黄河流域污水处理再利用的情况,到 2030 年,污水处理率将达 90%,再利用率达到 40% ~50%,2020 年和 2030 年分别可实现污水再利用量11.03 亿 m³ 和 18.76 亿 m³。

集雨利用为干旱山区群众提供了最基本的生存和发展的用水保障,据现状调查,黄河流域集雨工程有 225 万处,利用雨水资源 0.78 亿 m³,预测 2020 年和 2030 年黄河流域集雨工程利用雨水量分别可达 1.40 亿 m³ 和 1.60 亿 m³。

5.4.2　供需分析的条件

(1)本次计算根据全国统一要求,水资源量系列采用1956 ~2000 年45 年系列逐月计算。考虑到黄河水资源量的变化趋势,基准年黄河天然径流量采用534.79 亿 m³,2020 水平年采用 519.79 亿 m³,2030 水平年采用 514.79 亿 m³。

(2)充分考虑黄河流域建设节水型社会、实施强化节水等措施,实现水资源的高效利用。

(3)在流域内大力挖潜,积极利用非常规水源,实施污水回用和雨水利用。

(4)在供需平衡计算时,考虑支流优先,地表水、地下水统一调配,河口镇、利津、华县等重要断面控制下泄水量要求等。

(5)供水顺序:生活用水优先,农田保灌面积用水、工业用水、生态环境用水统筹兼顾。

5.4.3　供需分析结果

在实施强化节水、积极挖掘供水潜力等措施条件下,2020 年、2030 年黄河流域内河道外需水量将分别达到 521.12 亿 m³ 和 547.32 亿 m³,而在南水北调西线工程生效前,流域内河道外总供水量为 419.8 亿 ~457.7 亿 m³,流域缺水量 2020 年为 75.31 亿 m³,2030 年将达到 104.16 亿 m³。由于流域内供需矛盾突出和下垫面减水等原因,在南水北调西线工程生效前入海水量呈减少趋势,2020 水平年黄河河道内生态水量为 188.8 亿 m³,到 2030 水平年进一步减少为 185.8 亿 m³。

5.4.3.1　河道外供需分析

1. 基准年供需平衡结果

基准年黄河流域内多年平均需水量 485.80 亿 m³,多年平均供水量 419.76 亿 m³,缺水量 66.04 亿 m³,全流域河道外缺水率 13.6%,缺水部门主要集中于农、林、牧灌溉,从二级区来看,缺水主要集中在兰州—河口镇区间。黄河多年平均向流域外供水量 97.87 亿 m³,地表水总消耗量 328.82 亿 m³,见表 5-18,多年平均入海生态水量 206.7 亿 m³。

2. 2020 水平年供需平衡结果

2020 水平年黄河流域内多年平均需水量 521.12 亿 m³,多年平均供水量 445.84 亿 m³,缺水量 75.30 亿 m³,全流域河道外缺水率 14.4%,缺水部门主要集中于农、林、牧灌溉,兰州—河口镇缺水率为 18.0%。多年平均向流域外供水量 92.80 亿 m³,地表水总消耗量 333.16 亿 m³,见表 5-19,考虑下垫面条件变化减少地表径流量 15 亿 m³,多年平均入海生态水量 188.8 亿 m³。

表 5-18 黄河流域基准年供需平衡结果　　　　　（单位：亿 m³）

二级区 省（区）	流域内 需水量	流域内供水量				流域内 缺水量	流域内 缺水率 （%）	流域内 地表 耗水量	流域外 供水量	地表 耗水量 合计
		地表水	地下水	其他	合计					
龙羊峡以上	2.44	2.29	0.11	0	2.40	0.04	1.6	2.09	0	2.09
龙羊峡—兰州	41.78	33.15	5.30	0.10	38.55	3.23	7.7	25.05	0	25.05
兰州—河口镇	204.40	149.51	18.84	0.69	169.04	35.36	17.3	104.57	1.30	105.87
河口镇—龙门	19.40	14.09	4.55	0.10	18.74	0.66	3.4	11.25	0	11.25
龙门—三门峡	133.72	67.00	47.27	0.79	115.06	18.66	14.0	54.37	0	54.37
三门峡—花园口	29.89	14.49	13.73	0.02	28.24	1.65	5.5	10.31	10.32	20.63
花园口以下	48.66	23.29	20.13	0	43.42	5.24	10.8	22.45	86.25	108.70
内流区	5.51	1.00	3.29	0.02	4.31	1.20	21.8	0.86	0	0.86
青海	22.63	17.05	3.24	0.03	20.32	2.31	10.2	14.26	0	14.26
四川	0.17	0.15	0.01	0	0.16	0.01	5.9	0.12	0	0.12
甘肃	51.95	36.55	5.66	0.35	42.56	9.39	18.1	26.76	1.30	28.06
宁夏	91.24	72.88	5.68	0.69	79.25	11.99	13.1	39.93	0	39.93
内蒙古	107.09	71.99	16.88	0.03	88.90	18.19	17.0	61.52	0	61.52
陕西	78.16	38.24	27.56	0.60	66.40	11.76	15.0	32.20	0	32.20
山西	57.19	30.88	21.08	0	51.96	5.23	9.1	24.10	0	24.10
河南	54.86	30.22	21.50	0.02	51.74	3.12	5.7	26.57	20.20	46.77
山东	22.50	6.86	11.60	0	18.46	4.04	18.0	5.49	57.93	63.42
河北、天津	—						—		18.44	18.44
黄河流域	485.80	304.82	113.22	1.72	419.76	66.04	13.6	230.95	97.87	328.82

表 5-19 黄河流域 2020 水平年供需平衡结果　　　　　（单位：亿 m³）

二级区、 省（区）	流域内 需水量	流域内供水量				流域内 缺水量	流域内 缺水率 （%）	流域内 地表 耗水量	流域外 供水量	地表 耗水量 合计
		地表水	地下水	其他	合计					
龙羊峡以上	2.63	2.43	0.12	0.02	2.57	0.06	2.3	2.14	0	2.14
龙羊峡—兰州	48.19	33.97	5.33	1.12	40.42	7.77	16.1	26.36	0.40	26.76
兰州—河口镇	200.26	135.26	26.40	2.46	164.12	36.14	18.0	96.45	1.60	98.05
河口镇—龙门	26.20	15.85	7.48	1.04	24.37	1.83	7.0	12.45	5.47	17.92
龙门—三门峡	150.93	77.38	47.00	5.28	129.66	21.27	14.1	65.61	0	65.61
三门峡—花园口	37.72	20.02	13.76	1.47	35.25	2.48	6.6	15.94	10.58	26.52
花园口以下	49.31	23.39	20.33	0.97	44.69	4.62	9.4	20.39	74.75	95.14

续表 5-19

二级区、省（区）	流域内需水量	流域内供水量				流域内缺水量	流域内缺水率（%）	流域内地表耗水量	流域外供水量	地表耗水量合计
		地表水	地下水	其他	合计					
内流区	5.88	1.39	3.29	0.08	4.76	1.13	19.2	1.02	0	1.02
青海	25.92	16.59	3.26	0.20	20.05	5.86	22.6	14.00	0	14.00
四川	0.31	0.29	0.02	0	0.31	0.01	3.2	0.25	0	0.25
甘肃	59.96	38.69	5.67	2.30	46.66	13.29	22.2	28.93	2.00	30.93
宁夏	86.40	66.62	7.68	0.89	75.19	11.20	13.0	38.48	0	38.48
内蒙古	107.13	63.92	23.76	1.42	89.10	18.03	16.8	54.87	0	54.87
陕西	90.30	41.70	28.87	3.59	74.16	16.14	17.9	35.24	0	35.24
山西	65.85	39.30	21.11	1.65	62.06	3.79	5.8	32.75	5.47	38.22
河南	60.65	34.67	21.77	1.57	58.01	2.64	4.4	29.38	20.36	49.74
山东	24.62	7.90	11.55	0.80	20.25	4.36	17.7	6.44	58.77	65.21
河北	—	—	—	—	—	—	—	—	6.20	6.20
黄河流域	521.12	309.69	123.71	12.44	445.84	75.30	14.4	240.36	92.80	333.16

3. 2030 水平年供需平衡结果

2030 水平年黄河流域内多年平均供水量 443.16 亿 m³，缺水量 104.17 亿 m³，黄河流域河道外缺水率 19.0%，缺水部门主要集中于农、林、牧灌溉，龙羊峡—兰州区间和兰州—河口镇区间缺水率都在 25% 左右，可见 2030 水平年黄河流域供需矛盾异常尖锐。2030 水平年多年平均向流域外供水量 92.42 亿 m³，地表水总消耗量 332.36 亿 m³，见表 5-20，考虑下垫面变化减少地表径流量 20 亿 m³，多年平均入海生态水量 185.8 亿 m³。

表 5-20　黄河流域 2030 水平年供需平衡结果　　（单位：亿 m³）

二级区、省（区）	流域内需水量	流域内供水量				流域内缺水量	流域内缺水率（%）	流域内地表耗水量	流域外供水量	地表耗水量合计
		地表水	地下水	其他	合计					
龙羊峡以上	3.39	3.13	0.12	0.03	3.28	0.11	3.2	2.84	0	2.84
龙羊峡—兰州	50.68	30.89	5.33	1.75	37.97	12.71	25.1	24.81	0.40	25.21
兰州—河口镇	205.63	125.26	27.38	3.84	156.48	49.15	23.9	95.86	1.60	97.46
河口镇—龙门	32.37	16.91	8.62	1.63	27.16	5.21	16.1	13.56	5.60	19.16
龙门—三门峡	158.29	74.85	46.77	8.74	130.36	27.94	17.6	63.66	0	63.66
三门峡—花园口	40.98	22.26	13.57	2.57	38.40	2.58	6.3	18.17	10.36	28.53
花园口以下	49.79	22.77	20.20	1.67	44.64	5.15	10.3	19.96	74.46	94.42

续表5-20

二级区、省(区)	流域内需水量	流域内供水量				流域内缺水量	流域内缺水率(%)	流域内地表耗水量	流域外供水量	地表耗水量合计
		地表水	地下水	其他	合计					
内流区	6.19	1.46	3.29	0.12	4.87	1.32	21.3	1.08	0	1.08
青海	27.67	16.77	3.27	0.40	20.44	7.23	26.1	13.95	0	13.95
四川	0.36	0.33	0.02	0	0.35	0.01	2.8	0.29	0	0.29
甘肃	62.61	34.31	5.68	3.56	43.55	19.06	30.4	27.58	2.00	29.58
宁夏	91.16	59.88	7.68	1.34	68.90	22.25	24.4	38.14	0	38.14
内蒙古	108.85	63.45	25.08	2.24	90.77	18.08	16.6	56.35	0	56.35
陕西	98.09	38.60	29.51	5.68	73.79	24.29	24.8	32.42	0	32.42
山西	69.87	40.31	21.06	3.02	64.39	5.48	7.8	33.91	5.60	39.51
河南	63.26	35.92	21.55	2.78	60.25	3.01	4.8	30.77	19.99	50.76
山东	25.48	7.96	11.44	1.33	20.73	4.74	18.6	6.52	58.63	65.15
河北	—	—	—	—	—	—	—	—	6.20	6.20
黄河流域	547.32	297.53	125.28	20.35	443.16	104.17	19.0	239.94	92.42	332.36

4. 枯水年供需平衡结果

黄河流域面积大,黄河水资源不仅具有年际变化大、年内分配集中、空间分布不均等特点,各地区水资源利用差异明显。2030水平年黄河流域中等枯水年和特殊枯水年地表水资源量分别为434.5亿 m³ 和307.7亿 m³,分别相当于多年平均水资源量的81.2%、57.5%,而中等枯水年和特殊枯水年黄河流域需水量则分别达到557.56亿 m³ 和598.30亿 m³,流域水资源供需形势更加紧张,见表5-21。

表5-21　2030水平年不同来水条件时黄河水资源供需平衡分析　　(单位:亿 m³)

来水条件	流域内需水	流域内供水	流域内缺水	流域外供水	入海水量
中等枯水年	557.56	275.22	136.63	97.01	129.40
特殊枯水年	598.30	261.39	190.88	92.80	51.14
连续枯水段	557.88	252.17	159.84	93.91	111.02

5.4.3.2　河道内生态用水分析

经过供需平衡长系列计算,从全年、汛期和非汛期水量来看,主要断面下泄水量不能完全满足断面河道内生态环境需水量的要求,枯水年份河道内缺水更加严重。

兰州断面由于来水量大,断面以上用水少,汛期、非汛期均能满足河道内生态环境需水量要求。河口镇断面下泄水量对宁蒙河段输沙塑槽和中下游用水具有重要作用,通过发挥黄河上游大型水库的蓄水补枯调节作用,增加河口镇下泄水量,可基本保证下游生态环境用水量,缓解流域供需矛盾。

从多年平均来看,花园口、利津断面非汛期水量可基本满足,然而汛期则缺水严重。基准年花园口汛期下泄水量比河道内生态环境需水量 253 亿 ~ 231 亿 m³ 少 68.7 亿 ~ 90.7 亿 m³,而 2020 水平年和 2030 水平年则分别少 70.8 亿 ~ 92.8 亿 m³ 以及 78.4 亿 ~ 100.4 亿 m³。基准年利津断面汛期下泄水量比河道内生态环境需水量 204 亿 ~ 226 亿 m³ 少 66.1 亿 ~ 88.1 亿 m³,而 2020 水平年和 2030 水平年则分别少 66.4 亿 ~ 88.4 亿 m³ 以及 69.6 亿 ~ 91.6 亿 m³,见表 5-22。

表 5-22　黄河干流主要断面各水平年下泄水量　　　　　　　（单位:亿 m³）

计算系列断面下泄水量		兰州	河口镇	花园口	利津
基准年	全年	303.0	198.8	313.5	206.7
	汛期	161.6	117.5	162.3	137.9
	非汛期	141.4	81.3	151.2	68.8
2020 年	全年	300.7	205.2	282.6	188.8
	汛期	168.6	128.9	160.2	137.6
	非汛期	132.1	76.3	122.4	51.2
2030 年	全年	299.3	202.6	274.3	185.8
	汛期	174.7	131.9	152.6	134.4
	非汛期	124.6	70.7	121.7	51.4

在枯水年份,黄河水资源供需矛盾突出的情况下,黄河河道内生态环境水量严重不足,中等枯水年黄河生态水量仅为 129.40 亿 m³,不足生态环境需水量的 50%,特殊枯水年则只有生态环境需水量的 25%。

5.4.4　缺水的特点及分布

(1)在充分考虑节水措施的情况下,黄河流域缺水形势依然十分严峻。

根据前述供需平衡分析,在充分考虑产业结构调整和节水措施,采用强化节水模式的前提下,2030 水平年流域多年平均缺水总量仍达 142.1 亿 m³,其中河道外国民经济缺水 104.17 亿 m³,枯水年份缺口更大,缺水形势十分严峻。若考虑下游流域外用水要求,缺水情势将更加严峻。

(2)河道外缺水主要集中在三门峡以上的上中游地区。

从缺水地区分布来看,缺水主要集中在三门峡以上的上中游地区,该部分地区 2030 水平年缺水量为 95.12 亿 m³,占流域内河道外总缺水量的 90% 以上;其中河口镇以上的上游地区缺水达 62.0 亿 m³,占流域内河道外总缺水量的 60% 左右,为缺水最为集中的区域。

从缺水河段看,主要集中在上游的兰州—河口镇区间和中游的龙门—三门峡区间,其中兰州—河口镇缺水 49.15 亿 m³,占流域内河道外缺水量的 47.2%;龙门—三门峡缺水

27.94 亿 m³,占 26% 左右。

从省区缺水来看,上中游的甘肃、宁夏、内蒙古、陕西四省(区)缺水最为严重,四省(区)缺水达 84.68 亿 m³,占河道外总缺水量的 81.3%。上游兰州—河口镇区间的宁夏和内蒙古自治区,现状用水已经超出"87"黄河分水指标,在预测中虽充分考虑节约用水,但仍然有较大的水资源缺口,2030 水平年多年平均情况下两自治区缺水 40.33 亿 m³,占河道外总缺水量的近 40%,缺水十分严重。中游龙门—三门峡区间的缺水主要集中在渭河流域的陕西关中地区,2030 水平年多年平均情况下陕西省缺水 24.29 亿 m³,为流域缺水最多的省份。

(3)需水增长主要体现为工业和生活用水量的增加。

由于工业特别是能源及化工工业是支撑流域经济未来增长的主要部门,需水增长也主要体现在工业用水上。据分析,2030 水平年较 2006 年工业、建筑业及第三产业需水增加 50.0 亿 m³,其中三门峡以上增加 41.6 亿 m³,占 83.2%。

随着城镇化率的提高和生活条件的改善,居民生活及城市公共用水也将大幅增长。据分析,流域 2030 水平年生活需水较 2006 年增加 18.1 亿 m³,其中三门峡以上增加 16.5 亿 m³,占 91.2%。

农业灌溉方面由于控制灌溉面积的大幅度增加,并大力实施节约用水措施,农业需水总量 2030 水平年较 2006 年降低了 12.1 亿 m³,其中农田灌溉降低 24.3 亿 m³,林牧渔畜增加 12.2 亿 m³。

可见,工业及生活用水需求大量增加是导致未来黄河缺水形势进一步加剧的主要原因,用水需求增加主要集中在三门峡以上地区,也是未来缺水较为集中的地区。但在实际用水过程中,由于经济利益驱使,往往是国民经济用水挤占生态环境用水,而在国民经济用水中工业生活用水挤占农业用水。因此,从缺水表面看,一般为农业灌溉缺水和生态环境缺水,但究其根源,真正导致缺水的应该是工业和生活用水的增加。

(4)枯水年份缺水形势更为严峻。

黄河流域水资源具有年际变化大,连续枯水段长的特点。根据分析,2030 水平年,多年平均情况下河道外缺水 104.17 亿 m³,中等枯水年份河道外缺水量为 136.63 亿 m³,特殊枯水年份缺水量达 190.88 亿 m³;1994 ~ 2000 年 7 年连续枯水段年均缺水 159.84 亿 m³,加上河道内生态环境缺水,则缺水更甚。

(5)河道内生态环境水量远不能满足要求。

根据前述分析,黄河下游河道内生态环境需水量在 254 亿 ~ 276 亿 m³,而 2030 水平年供需平衡分析多年平均入海水量仅为 185.8 亿 m³,生态环境缺水 68.2 亿 ~ 90.2 亿 m³,远不能满足河道内生态环境用水需求。

5.5　缓解黄河水资源短缺的途径

严重缺水使黄河上游西北地区的土地、矿产、能源等资源优势难以充分发挥,生产、生活、生态用水得不到保障,区域间、行业间用水矛盾日益加重。河道外国民经济用水挤占河道内生态环境用水,使得宁蒙河段河道淤积严重,主槽萎缩,平滩流量大幅减少,防洪防凌形势严峻。

5.5.1　节水挖潜,建设节水型社会

黄河流域水资源短缺,而同时用水管理粗放,浪费现象严重。缓解黄河流域缺水形势,首先应立足于加强节水型社会建设,充分高效利用黄河水资源。

5.5.1.1　节水型社会建设目标

2020 水平年,节水型社会建设初见成效;2030 水平年,初步建成节水型社会。

5.5.1.2　节水型社会建设任务

按照科学发展观的要求,通过采取行政、法律、经济、技术、工程、管理和宣传教育等综合手段,依靠科技进步和制度创新,提高水的利用效率和效益,建立资源节约、环境友好、可持续的国民经济体系,强化节水型社会建设的管理体制,完善水资源高效利用工程体系,加强节水型社会文化建设,增强全社会的资源忧患意识,全民自觉参加节水型社会建设。

5.5.2　积极利用非常规水源

黄河流域水资源短缺,供需矛盾突出,在常规水资源不足的情况下应积极利用非常规水资源,增加可供水量,缓解供需矛盾。黄河流域未来可利用的非常规水资源包括:污水处理再利用、雨水利用以及微咸水的利用等。

5.5.3　跨流域调水

解决黄河缺水的途径包括节水和跨流域调水,而黄河资源性缺水严重,即使充分考虑流域节水潜力,不同水平年缺水形势依然严峻。根据前述分析,在全面建设节水型社会的前提下,2030 水平年黄河流域各行业可节水 76.45 亿 m^3,在此条件下,2030 水平年流域河道内外缺水量仍达到 142.12 亿 m^3,若节水力度不够,黄河流域缺水形势更加严峻。因此,不失时机地实施跨流域调水才是解决黄河缺水的根本途径。

5.5.3.1　南水北调东、中线工程

南水北调中线工程由长江支流汉江丹江口水库引水,供水目标主要为京、津、冀、豫、鄂五省(市)的城市生活和工业用水,兼顾部分地区农业及其他用水,一、二期工程总调水规模为 130 亿 m^3。据分析,在不改变设计工程规模条件下,中线工程 2010 水平年多年平均可向黄河补水 2.13 亿 m^3,2030 水平年多年平均向黄河补水 2.79 亿 m^3,且补水主要在丰水年或偏丰水年的汛期,黄河枯水年基本不能补水。中线工程没有向黄河流域供水的任务,若不改变工程设计条件及规模,可能补给黄河的水量十分有限,对缓解黄河水资源供需矛盾的作用十分有限。

东线工程规划主要向淮河下游、胶东地区和海河平原东部供水,供水对象主要为城市工业和生活用水。经研究,东线工程可在淮河丰、平水年份,利用现有的东平湖退水闸或穿黄工程的南岸输水渠退水闸向黄河补水。按照向黄河补水时机为 7~9 月分析,多年平均可以向黄河补水 5.5 亿~12.4 亿 m^3;按照向黄河补水时机为全年分析,多年平均可以向黄河补水 9.3 亿~24.6 亿 m^3。由于东线向黄河补水点位于黄河下游的下段,黄河干流

没有水库调节,东平湖调节能力有限,东线补水只能是进入东平湖后即退入黄河,难以满足东平湖以上河段的输沙减淤和两岸用水要求;由于采取抽水方式,运行费相对较高,且能供水的灌区范围有限,不可能大量置换引黄水量。因此,东线向黄河补水作用只是局部的和有限的。

5.5.3.2　引汉济渭方案

引汉济渭调水工程,规划从汉江干流黄金峡水库和支流子午河三河口水库调水,设计引水量15.3亿 m³。引汉济渭水量入黑河金盆水库后,可与现有供水系统相衔接,为关中地区的城市及农业供水。由于引汉济渭工程在宝鸡峡以下进入渭河,且渭河干流缺乏有效的调蓄工程,因此引汉济渭的供水范围主要为渭河关中地区,供水目标是以解决渭河关中地区国民经济缺水为主。据初步分析,引汉济渭工程调水15.3亿 m³,可为渭河关中地区提供13亿 m³ 左右的国民经济用水,调水可缓解关中地区的河道外缺水问题,并能够提供少量生态基流。但引汉济渭调水量有限,除为关中地区国民经济供水外,不可能向黄河干流大量补水。

5.5.3.3　小江调水方案

小江调水方案规划从三峡库区调水,水源丰富,根据《引汉济渭入黄方案研究》的初步成果,在不影响三峡电站保证出力的情况下,可在每年6~9月引水300 m³/s,年调水量为31.6亿 m³。根据黄河和渭河缺水状况、小江调入水量过程、渭河和黄河调蓄工程情况综合分析,小江调水的目标是为渭河及黄河下游干流河道提供输沙减淤及塑槽水量,减缓河道淤积,改善河道形态及功能,并兼顾向两岸提供经济社会发展用水。

在考虑宁蒙河段和小北干流生态环境用水后,现状黄河上游地区国民经济用水已经达到可利用的上限,今后国民经济发展必须依靠调水入黄河上游来解决,如果按照水量置换的方式,将减少宁蒙河段和小北干流输沙用水,造成河道的进一步淤积。因此,小江调水入黄位置较低,很难统筹解决黄河流域的缺水问题,特别是潼关以上干流两岸上中游广大地区和宁蒙河段、小北干流河段的河道内缺水问题。因此,小江调水方案虽然具有可调水量大、建设条件相对较好的优点,对渭河及黄河潼关以下河段输沙减淤具有一定作用,但其开发任务和工程方案等多方面存在较大局限,不可能统筹解决黄河全流域缺水问题,更不能兼顾河西内陆河地区的缺水问题;黄河下游、渭河输沙减淤将受到调蓄工程的限制,影响其作用的发挥。

5.5.3.4　南水北调西线工程

南水北调西线工程从水量相对丰沛的长江上游的雅砻江、大渡河干支流调水自流引水到黄河上游。

从黄河流域治理看,必须全流域整体系统考虑,统筹考虑流域上、中、下游和左、右岸,统筹考虑河道外经济社会发展和河道内生态环境的用水需求。南水北调西线工程调水入黄河河源地区,供水范围可覆盖黄河全流域及邻近的河西内陆河地区,并可充分利用黄河干流已建和规划骨干工程的巨大调节库容,最大限度地解决黄河流域的国民经济发展缺水问题,并为保障国家粮食安全创造条件。

从西部大开发战略和西北地区经济社会发展的需求看,上中游地区是我国西部大开发战略的重点地区,南水北调西线工程能够较好地为该地区重要城市、重要能源化工基地提供水资源条件,使其能源、矿产资源优势转变为经济优势,支撑当地经济社会可持续发展。

从改善西北地区生态环境的需求看,南水北调西线工程可以向黄河黑山峡河段两岸、河西的石羊河和黑河流域下游的生态脆弱区提供水资源条件,缓解当地生态环境承载压力,改善和恢复生态环境状况,结合生态移民措施,帮助当地贫困农民脱贫致富,为全面建设小康社会做出贡献。

从维持黄河健康生命的需求看,南水北调西线工程可充分利用黄河干流已建和规划的骨干工程调节库容,较好地协调来水与用水关系,减缓黄河宁蒙河段、小北干流、黄河下游等干流河道的淤积,为维持黄河健康生命创造条件。

黄河流域为资源性缺水地区,所有为黄河增水的方案对改善黄河流域缺水状况都是有益的,但是各调水工程都有其特定开发任务、供水范围和对象,其他调水工程方案对于解决黄河水资源短缺问题均具有较大局限性,南水北调西线工程具有不可比拟的优势,是解决黄河缺水的最有效途径。

5.6　南水北调适宜的调水时机

5.6.1　水资源短缺导致的主要问题

(1)水资源短缺严重制约流域经济社会的可持续发展。

黄河贯穿西北和华北人口稠密地区,属资源性缺水河流,且泥沙含量大。20 世纪 80 年代以来,黄河供需矛盾越来越尖锐,水资源短缺问题已成为流域经济社会发展的重大制约因素。每年约有 66.7 万 hm^2 有效面积得不到灌溉,部分灌区灌溉保证率和灌溉定额很低,很多计划开工建设的能源项目由于没有取水指标而无法立项,部分地区的工业园区和工业项目由于水资源供给不足而迟迟不能发挥效益,上中游正在建设的能源工业基地面临的最大挑战之一就是水资源问题,水资源短缺将严重制约黄河流域发展以及我国西部大开发的实施进程。

(2)河道内生态环境水量被大量挤占,河流健康受到严重破坏。

流域生态系统呈现恶化趋势。河道外生产生活用水大量挤占河道内生态环境用水,导致黄河干流及主要支流均出现频繁断流。据统计,1972 ~ 1999 年的 28 年间,黄河干流下游河道就有 22 年出现断流,断流最严重的 1997 年,入海水量仅有 18.6 亿 m^3,下游断流达 226 d,断流河段上延至开封柳园口附近。主要支流如汾河、渭河、伊洛河、沁河、大汶河、金堤河、天然文岩渠、大黑河、大夏河、清水河等,也出现了严重的断流现象,断流次数增加,时间延长,进一步加剧了黄河干流的断流形势。1999 年黄河干流水量统一调度后,断流持续恶化势头有所遏制,但入海水量仍然严重不足,使河道内和河口地区的生态环境受到严重影响。

黄河河道淤积萎缩严重,防洪形势日趋严峻。由于进入黄河下游的水量急剧减少,加剧了水沙关系的不协调性,下游河道主槽淤积严重。随着主槽排洪能力降低,中常洪水水位抬升,漫滩流量减小,黄河下游滩区居民生命财产遭受损失越来越频繁,损失越来越大;小北干流河段,由于流量较小,泥沙淤积主要集中在主河槽中,使河道排洪能力急剧下降,对河段防凌带来不利影响;渭河流域水资源总量不足,国民经济发展用水大量挤占河道内生态环境用水,导致下游河道淤积严重,主槽萎缩,同流量水位大幅上升,排洪能力下降;宁蒙河段由于上游引黄水量增加和龙羊峡、刘家峡水库联合调度运用,改变了径流时程分配,河道淤积加重,中小洪水水位抬高,平滩流量下降,河道宽浅散乱,摆动加剧,严重威胁防洪防凌安全。

(3)河口地区生态环境退化。

入海水量减少,致使湿地面积萎缩、土地盐碱化加重、生物多样性减少。据对 20 世纪 90 年代统计,因严重断流,河口地区植被面积减少将近一半,鱼类减少 40%,鸟类减少 30%,黄河鲫鱼、东方对虾等珍稀生物濒于绝迹。水量调度和调水调沙对缓解黄河下游及河口地区生态环境问题初见成效,但功能性断流问题和流域层面存在的生态环境问题还远未解决。另外,水资源的不合理开发利用还导致湖泊沼泽萎缩、土壤盐渍化等一系列生态环境问题。

综上所述,严峻的缺水形势必将对黄河流域及邻近地区的生产生活用水造成严重影响,制约经济社会的可持续发展;黄河河道生态系统也将遭受更加严重的威胁,河道断流、河床淤积、干旱和洪水危害等将进一步加剧。

5.6.2　南水北调西线工程适宜调水时机

现状情况下黄河流域水资源供需矛盾已经十分突出,流域河道内外缺水量达 180 亿 m³,河道外缺水率达 24.4%。缺水导致了诸多问题:水资源总量不足,难以支撑经济社会的可持续发展;水沙关系日益恶化,严重威胁河流健康;生态用水被大量挤占,生态环境日趋恶化。

2020 水平年,在充分节水、挖潜的条件下,黄河流域河道内外缺水达 160.50 亿 m³,其中河道外缺水 75.30 亿 m³,缺水率达 14.5%;河道内缺水 85.20 亿 m³。到 2030 水平年,黄河流域河道内外缺水达 142.12 亿 m³,其中河道外缺水 104.17 亿 m³,缺水率达 19.0%;河道内缺水 37.95 亿 m³。可见,随着流域人口的增加和经济社会的快速发展,在大力节约用水的条件下,流域缺水形势仍极为严峻,缺水无论是对黄河生态系统的维持,还是对流域经济社会可持续发展、小康社会全面建设和饮水安全,以及国家粮食安全和能源安全均造成巨大威胁。

黄河流域近期的水资源短缺已影响了西部地区经济社会的健康、协调发展,影响了我国推进西部大开发的进程以及我国整体推进的战略构想,因此目前形势非常紧迫。为尽快有效缓解黄河流域水资源危机,南水北调一期工程宜尽早建成生效,但鉴于西线一期工程自身的复杂性和难度,考虑西线一期工程的前期工作周期和建设时间,西线一期工程将在 2030 年建成生效。

5.7　小　结

黄河流域在我国战略发展格局中具有十分重要的地位,对于保障我国生态安全意义十分重大。

　　研究了黄河流域水资源特征、开发利用现状及存在的主要问题,通过对未来水资源供需情势分析,剖析了未来水资源供需矛盾并提出了缓解黄河流域水资源危机的对策,即充分节流、合理利用其他水资源,在适当的时候可利用跨流域调水工程来增加黄河水资源可利用量。在此基础上提出了南水北调西线一期工程的调水目标。

　　针对黄河流域不同地区水资源问题,分别提出了工程措施:南水北调西线工程增加上游水资源总量,结合干流大中型水库的调蓄增加供水;解决渭河的缺水问题可通过引汉济渭方案调水进入渭河,或通过南水北调西线工程调水入黄河,经洮河向渭河补水;南水北调东线和中线工程均从黄河下游经过,为黄河下游补水。

　　考虑西线一期工程的前期工作周期和建设时间,选择确定了南水北调西线一期工程的建成生效时间。

第6章 区域水资源安全研究与受水区的选择

区域水资源安全研究以区域现状及未来的水资源需求和可供水量为基础,分析、预测不同时期的水资源供需对比关系,引入水资源压力分析方法,确定水资源安全等级,界定水资源不安全区域并分析问题的诱因,为不同水资源安全形势的区域提出具有针对性的水资源安全对策、建立水资源安全保障体系提供科学依据。

6.1 区域水资源安全及其研究概况

水资源是保障社会经济可持续发展重要的自然资源,水资源安全是关系到国家安全、经济安全、政治安全、粮食安全、社会安全、环境安全、生态安全等方面的重要问题,涉及资源、环境、生态、社会、政治、经济等多方面的内容与因素,因此水资源安全是水资源管理的核心内容与终极目标。目前,国内外对水资源安全研究日益深入,但如何客观地评价水资源安全尚没有成熟的研究成果,不少研究人员从不同的角度提出了评价的方法与指标,但由于概念不统一,在如何进行有效的水安全管理等方面尚不成熟,其中如何客观地评价区域水安全的状况是关键问题之一。

水资源安全问题提出的时间较短,目前国内外关于水安全与水资源安全还没有明确的界定与相对明确公认的概念。

2000年举行了海牙水论坛部长级会议,通过了"海牙世纪水安全——海牙世界部长会议宣言",各国部长们在《海牙宣言》中,把"水安全"作为重要战略目标,并将水安全定义为:让地球上每个人都能够用上价格上能承受、数量上足够的洁净水,同时自然环境也得到保护和改善。因此,水安全的目标就是确保改善各国水资源状况和与水相关的生态系统,确保促进水资源利用的可持续发展和社会的协调稳定,确保人人都能够得到必需的淡水资源和过上健康的生活,确保易受水灾害威胁的人群免遭与水有关的危险。水安全的核心思想是以公平、高效和统一的方法保护水资源,同时适当地开发利用水资源,以满足人类生存、农业发展和其他经济活动的需要。波恩国际淡水会议认为:以公平和持续的方式利用和保护世界淡水资源是各国政府迈向更加安全、公平和繁荣的过程中遇到的重要挑战。把水资源安全与可持续发展联系起来,把维护水资源安全与扶贫结合起来,充实了水资源安全的内涵。

1998年7月,美国世界观察研究所所长布朗(L. R. Brown)继《谁养活中国》后又发表了题为《中国水资源的匮乏将动摇世界粮食安全》的文章,分别阐述了中国的粮食安全危机,指出导致中国粮食不足的主要原因,耕地不足仅是一个方面,水的匮乏则是致命因素。我国学者对水资源安全问题进行了多方面的研究,韩宇平等在建立水安全评价体系时,考虑现状的水资源供需平衡关系,从水供需矛盾、饮用水安全、干旱灾害控制3个方面构建水资源安全评价指标体系。郭安军等提出:水资源安全应有3个层次,即水质基础上的水资源安全、水资源供需基础上的水资源安全和可持续利用基础上的水资源安全,包含水供给、水需求和水储备 3 个模块。王铮等提出了基于产业经济发展预测的水资源安全分析方法,实质上是以水资源需求量预测为依据的水资源安全分析,但缺少水资源供给量的依据。夏军认为,水资源承载力是水资源安全的度量指标,水资源承载力是区域水资源能够支撑人类社会系统规模的最大上限能力。贾绍凤等认为,水资源安全的研究思路应是基于水资源量、水资源可利用量和人口预测的水资源余缺程度分区,危机区域识别和对策研究。

综上所述,已有的研究成果都把水资源安全理解为与水量和水质相关联的资源供需平衡关系。21 世纪区域社会经济发展与水安全之间的互动影响关系将更为密切,按照全面协调可持续的科学发展观要求,运用可持续发展的现代战略思维方法,研究科学合理的流域水安全战略,系统有效地全面解决区域发展中的各类水安全问题,具有重要的理论价值和实践意义。

6.2　水资源安全(PSR)评价

压力–状态–响应模型(Pressure Status And Response Models)最初设计时主要是针对在环境对人类施加的压力上提出的压力–响应模型(Press-response Models),着眼于环境统计,可从 4 个方面来评价可持续发展,即人类活动的"压力源"(Pressure Source)、环境压力、环境响应以及人类的群体和个人响应。

压力–响应模型能够识别施加于自然界的所有人类活动(如物理的、化学的和生态的)产生的压力,包括资源消耗和环境污染,见图 6-1。基于产生压力的人类活动同自然、经济社会、资源和生态环境状态的变化之间可感知的因果关系,模型假定:采用适当的响应(针对压力产生的诱因,人类采取措施),这些压力和影响可以被减轻其至得到预防。水资源安全的压力–状态–响应模型示意图见图 6-2。

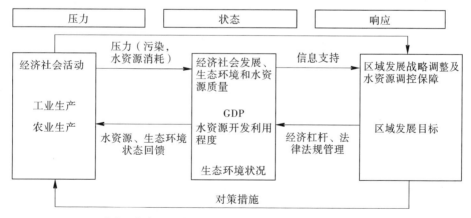

图 6-1　水资源安全的压力–状态–响应评价方法示意图

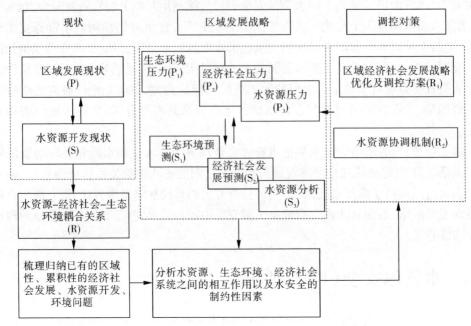

图6-2　水资源安全的压力-状态-响应模型示意图

在 PSR 框架内,某一环境问题,可以由 3 个不同但又相互联系的指标类型来表达:压力指标表征人类活动给环境造成的负荷;状态指标表征环境质量、自然资源与生态系统的状态;响应指标表征人类面临环境问题所采取的对策与措施。PSR 概念模型从人类与环境系统的相互作用与影响出发,对环境指标进行组织分类,具有较强的系统性。因此,本研究拟根据 PSR 概念模型,结合黄河流域水资源开发利用的实际及流域状态的生态因子,从资源环境压力、资源环境状态和环境响应 3 个方面选取指标,建立一个流域生态安全评价指标体系。

水资源系统是一个水资源、生态环境、经济社会的复合巨系统,系统由于承受来自外部施加的压力而呈现脆弱性,水资源系统对于外界压力具有一定的适应性和自我调节能力,水资源系统承受的外界压力是有限的。当水资源压力较小时,水资源系统可以通过自我调节恢复到原有良性运行的状况,水资源系统可以依靠自身的再生能力实现修复。当水资源压力达到一定值时,水资源系统中的结构和功能遭到破坏,而系统进入不能完全恢复为原来的、自然的、良性健康的状态。当水资源压力达到某一数值时,水资源系统的状况因压力增加而不断恶化,系统就会彻底崩溃,系统无法恢复到原有状态或近似状态,这个临界限度称为水资源系统安全的临界阈值。

从国际上看,水资源安全问题很可能会成为 21 世纪全球资源环境的首要问题,直接威胁人类的生存和发展。自 1972 年联合国第一次人类环境会议发出“水将导致严重的社会危机”的呼吁以来,水资源问题不仅没有得到根本解决,而且愈来愈严重。为此,1992年 Falkenmark 和 Widstrand 提出用人均水资源量度量区域水资源稀缺程度。他们根据干旱区中等发达国家的人均需水量确定了人均水资源的临界值,见表6-1。

表 6-1 区域水资源紧缺等级划分标准

紧缺等级	人均水资源量（m³）	主要问题
轻度缺水	1 700 ~ 3 000	局部地区、个别时段出现水问题
中度缺水	1 000 ~ 1 700	将出现周期性和规律性用水紧张
重度缺水	500 ~ 1 000	经受持续性缺水,经济发展受到损失,人体健康受到影响
极度缺水	<500	将经受极其严重的缺水,需要调水

当人均水资源量低于 1 700 m³ 时出现水资源紧缺,当人均水资源量为 500 ~ 1 000 m³ 时出现重度水资源短缺,当人均水资源量低于 500 m³ 时出现极度水资源短缺,以判别各国以及区域水资源紧缺与安全状况。

国际上把水资源开发利用程度定义为年取用的淡水资源量占可获得(可更新)的淡水资源总量的百分率。世界粮农组织、联合国教科文组织、联合国可持续发展委员会等很多机构都选用这一指标作为反映水资源稀缺程度的指标。指标的阈值或标准需根据经验确定,如表 6-2 所示:当水资源开发利用程度小于 10% 时,为用水低度紧张;当水资源开发利用程度为 10% ~ 20% 时,为用水中度紧张;当水资源开发利用程度为 20% ~ 40% 时,为用水中高度紧张;当水资源开发利用程度大于 40% 时,为用水高度紧张。这一指标也可以作为判断水资源安全状况的一个参考指标。

表 6-2 联合国衡量水资源紧张程度等级划分标准

所用水量占可用水量的比例（%）	用水紧张程度	水资源安全状况
<10	用水低度紧张	不会面临水资源紧张,水资源安全状况良好
10 ~ 20	用水中度紧张	水资源存在一定制约因素
20 ~ 40	用水中高度紧张	面临水资源紧张,须引起高度重视
>40	用水高度紧张	水荒严重,水冲突一触即发

6.3　水资源安全评价模型与方法

水资源安全评价模型由供水和需水两个主要子系统构成。需水量的增长主要取决于人口的增长、生活水平的提高以及工农业的发展。从功能及用水特点来说,需水子系统分为生活需水、工业需水和农业需水三部分,这三部分既有各自的功能和特点,又相互联系、相互作用。供水能力取决于社会经济发展水平,一般而言,主要由地表水、地下水、雨水利用、污废水处理、微咸水淡化、海水淡化六部分组成。模型采用水资源供需差、缺水率表征水资源系统的安全程度。

6.3.1　基于供需平衡指数的区域水资源安全评价

水资源安全研究意义重大,其中区域水资源安全的度量是一个既重要而又远未解决的理论问题。在区域水资源供需平衡分析理论基础上的水资源安全,既有着明确的理论概念,又有着现实的应用价值,能够确定地描述区域的水资源安全状况,可用于潜在受水区的识别。

将一地区水资源需求与供给之比定义为区域水资源承载力供需平衡压力指数,即

$$W_{ds} = \frac{W_d}{W_s} \tag{6-1}$$

式中: W_s 为区域可供水量, W_d 为区域水资源需求总量。从式(6-1)中可以看出,当区域可供水量小于社会经济系统的需水量时,即 $W_s < W_d$, $W_{ds} > 1$,区域可供水资源量不足以支撑如此规模的社会经济系统,区域水资源对应的人口及经济规模是不可承载的,反之则说明区域水资源具备如此规模的社会经济支撑能力,区域水资源供需呈良好状态。

根据黄河流域各地市的水资源承载力供需平衡压力指数计算结果,将黄河流域各地市的水资源安全划分为5个级别:

(1)1级为安全,水资源承载力供需平衡压力指数 $W_{ds} \in [0, 0.5)$,水资源供给量大于水资源需求量的两倍,供需关系为供大于求,区域水资源存在大量盈余,水资源可满足未来经济社会发展需求,水资源压力较小,水资源完全可承载。

(2)2级为较安全,水资源承载力供需平衡压力指数 $W_{ds} \in [0.5, 1)$,水资源供需关系为供大于求,但水资源富余量不大,水资源压力不大,水资源可承载。

(3)3级为较不安全,水资源承载力供需平衡压力指数 $W_{ds} \in (1, 1.15]$,水资源供需关系为供不应求,区域水资源不能承载所有发展的水资源需求,但短缺量不大,水资源压力处于弹塑性阶段,随着压力增大水资源压力将进入塑性区而丧失再生的自我修复能力。

(4)4级为不安全,水资源承载力供需平衡压力指数 $W_{ds} \in (1.15, 2]$,水资源供需供不应求的关系明显,水资源短缺量较大,已经成为制约经济社会发展的瓶颈要素,水资源压力已进入塑性区。

(5)5级为极不安全,水资源承载力供需平衡压力指数 $W_{ds} \in (2, +\infty)$,水资源需求量大于水资源供给量的两倍,水资源短缺量极大,供不应求的水资源供需关系极为突出,水资源严重制约了区域经济社会发展和人民生活水平的提高。

只有水资源承载力供需平衡压力指数小于1,整个系统才满足"可承载"条件,系统安全;在以上5个水资源安全等级中,4、5级为缺水严重、危机级别。

根据黄河流域水资源供需平衡分析成果,2030水平年黄河流域多年平均需水量为547.32亿 m^3 ,可供水量为443.16亿 m^3 ,流域水资源承载力供需平衡压力指数 $W_{ds} = 1.24$,总体评价为不安全。根据水资源承载力供需平衡压力指数划分的水资源安全级别划分标准, $W_{ds} = 1.15$ 为水资源安全的临界值, $W_{ds} < 1.15$ 即为安全, $W_{ds} > 1.15$ 为不安全,黄河流域水资源承载力供需平衡压力指数评价结果为不安全的地级行政区及其评价成果见表6-3。

从表6-3中可以看出,在黄河流域地级行政区中,处于水资源不安全的有34个,占流域63个地级行政区的54.0%,其中阿拉善盟和白银市为水资源极不安全地区。

表 6-3　黄河流域水资源供需平衡压力指数表

省(区)	地区	需水量 (亿 m³)	可供水量 (亿 m³)	缺水量 (亿 m³)	耗水量 (亿 m³)	水资源压力指数
青海	海南州	3.44	2.85	0.59	2.51	1.21
	黄南州	1.10	0.58	0.52	0.48	1.90
	海北州	0.88	0.67	0.21	0.53	1.31
	海东地区	9.39	6.11	3.28	4.89	1.54
	西宁市	12.35	9.29	3.06	7.22	1.33
甘肃	武威市	5.20	3.23	1.97	2.55	1.61
	兰州市	19.54	14.04	5.50	8.10	1.39
	天水市	5.43	4.60	0.83	2.61	1.18
	临夏州	4.68	3.39	1.29	2.60	1.38
	甘南州	1.46	1.14	0.32	0.77	1.28
	定西地区	5.47	4.43	1.04	3.04	1.23
	白银市	10.88	4.26	6.62	2.73	2.55
	庆阳地区	5.07	4.39	0.68	2.78	1.15
宁夏	固原市	5.11	3.30	1.81	2.18	1.55
	吴忠市	42.18	32.11	10.07	20.96	1.31
	石嘴山市	23.23	14.01	9.22	8.02	1.66
	银川市	10.89	9.07	1.82	6.98	1.20
内蒙古	乌海市	2.60	2.02	0.58	1.34	1.29
	鄂尔多斯市	21.23	16.42	4.81	6.92	1.29
	包头市	14.87	10.98	3.89	4.55	1.35
	阿拉善盟	4.54	2.05	2.49	1.63	2.21
	呼和浩特市	16.42	11.15	5.27	4.98	1.47
	乌兰察布盟	1.02	0.59	0.43	0.11	1.73
山西	临汾市	13.63	10.95	2.68	7.31	1.24
	太原市	9.96	7.52	2.44	4.76	1.32
	吕梁地区	10.55	7.80	2.75	3.60	1.35
陕西	榆林市	17.11	14.05	3.06	7.19	1.22
	宝鸡市	11.82	9.88	1.94	4.19	1.20
	杨凌市	0.30	0.24	0.06	0.11	1.25
	咸阳市	15.49	10.30	5.19	3.68	1.50
	西安市	23.29	16.18	7.11	4.57	1.44
	铜川市	2.19	1.74	0.45	1.03	1.26
	渭南市	21.80	15.80	6.00	7.94	1.38
河南	焦作市	5.68	4.92	0.76	2.06	1.15
山东	泰安市	12.71	10.09	2.62	3.07	1.26
	莱芜市	4.15	2.83	1.32	0.65	1.47

6.3.2　基于 WPI 的区域水安全评价模型

2002 年,受联合国粮农组织、环境署、开发计划署、教科文组织和世界银行资助的"世界水委员会"成立了"21 世纪水世界委员会"。它的主要工作就是指导制定 21 世纪水资源、生命和环境的长期构想,站在人类未来的高度,满足未来对水的需求和保证可持续用水。因此,2002 年英国生态与水文研究所(Center for Ecology and Hydrology,CEH)的研究人员 Sullivan 等研究提出了一种类似于消费物价指数(Consumer Price Index,CPI)的水贫乏指数(Water Poverty Index,WPI)。WPI 指数由资源(Resources,R)、途径(Access,A)、利用(Use,U)、能力(Capacity,C)和环境(Environment,E)5 个分指数组成,WPI 及 5 个分指数的取值范围为 0 ~ 100,指数取值越大表示状况越好,5 个分指数的具体内容见表6-4。

表 6-4　WPI 指数的数据要求

WPI 分指数	数据源
资源(R)	年径流总量、地表水与地下水资源量、年平均降雨量、水资源可利用量等
途径(A)	年蓄水总量、年供水量、水资源利用率等
利用(U)	农田实灌亩均用水量、万元 GDP 用水量、万元工业增加值用水量、城市人均生活用水量、农村人均生活用水量等
能力(C)	人均用水量、家庭消费水平、人均 GDP、教育程度、水行业的投资情况等
环境(E)	符合和优于Ⅲ类水的河长占总评价河长的比率、废污水排放量、水土流失面积等

水贫乏指数是可以定量评价国家或地区间相对缺水程度的一组综合性指标。WPI 不但能反映区域水资源的本底状况,还能反映工程、管理、经济与环境情况。它提供了对水资源综合评价的指标,同时也给出了社会因素对水资源的影响。潜在水资源状况(Resources)指可以被利用的地表及地下水资源量及其可靠性或可变性;供水设施状况(Access)指城市供水器具及灌溉的普及率等;使用效率(Use)综合反映生活、工业和农业各部门的用水效率;利用能力(Capacity)综合考虑基于教育、健康及财政状况等方面的水管理能力,反映了社会经济状况对水行业的影响;环境状况(Environment)反映与水资源管理相关的环境情况,包括水质状况及生态环境可能受到的潜在压力等。上述 5 个组成要素分别对应 WPI 的 5 个分指数,每个组成要素又包含一系列变量,对应一系列子指标。根据不同来源的数据,可以分析评价区内不同地区间或小流域间相对缺水程度。

WPI 指数的差异计算方法是考虑水资源的供应和利用偏离对于预设标准的评价方法。预设标准由 4 个指标构成:生态系统安全、社区安全与健康、人类健康和经济福利。首先通过定量和定性分析,确定每一个指标在水安全状况优良时应达到的标准值,然后根据实际水资源安全状况,计算当前各指标的实际值,最后将各指标的实际值与预设标准值进行比较,根据两者的差异大小来判定水安全状况的好坏。

6.3.2.1　黄河流域水资源安全评价指标选取

根据中上游能源化工产业区水资源及经济社会状况,经分析论证,区域水贫乏指数

WPI 的 5 个方面的组成要素评价指标选择如下：

(1)潜在水资源状况(R)：人均水资源可利用量,水资源利用程度等。

(2)供水设施状况(A)：供水工程的供水能力,现状需水的满足程度等。

(3)水资源利用能力(C)：人均 GDP,水利行业的投入比例等。

(4)水资源利用效率(U)：城镇供水管网漏失率,农业灌溉水利用系数及工业水重复利用率等。

(5)环境状况(E)：生态环境需水的满足程度,土地退化指标等。

黄河流域水贫乏指数评价指标见表 6-5。

表 6-5　黄河流域水贫乏指数评价指标集

准则	指标	标准意义	度量	单位
潜在水资源状况(R)	人均水资源可利用量(G1)	度量区域人均拥有可利用的水资源数量	采用人均分水指标或人均水资源可利用量	m^3/人
	单位耕地面积水资源可利用量(G2)	度量亩均可利用的水资源数量	耕地亩均分水指标或水资源可利用量	m^3/亩
	水资源开发利用程度(G3)	区域供水的潜力	水资源开发利用潜力与现状需水之比	%
	污水处理再利用情况(G4)	其他水源供水潜力	污水处理再利用率	%
供水设施状况(A)	工程的供水能力(G5)	工程供水的能力,未来水资源开发的潜力	区域现有水利工程的供水能力	亿 m^3
	缺水率(G6)	区域供水保障程度	缺水百分比	%
水资源利用能力(C)	人均 GDP(G7)	国民经济发展水平	人均 GDP	元
水资源利用效率(U)	城镇供水管网的漏失率(G8)	水资源开发利用效率,影响节水发展的潜力	管网漏失的百分比	%
	农业灌溉水利用系数(G9)		灌溉水利用系数	
	工业水重复利用率(G10)		重复利用的百分比	%
环境状况(E)	生态环境需水的满足程度(G11)	区域水资源开发引起的生态环境问题	生态环境用水与需水之比	%
	土地荒漠化或退化状况(G12)	土地荒漠化率或退化率	区域水土流失面积、退化面积占总面积之比	%

根据 2030 水平年黄河流域水资源开发利用及水利工程规划成果以及区域经济社会发展指标❶,建立区域水贫乏评价指标的数值矩阵,见表 6-6。

---

❶　黄河水利委员会,黄河流域水资源综合规划成果,2009 年 12 月。

表 6-6 黄河流域水贫乏指数评价指标矩阵

地区	G1 (m³/人)	G2 (m³/亩)	G3 (%)	G4 (%)	G5 (亿 m³)	G6 (%)	G7 (元)	G8 (%)	G9	G10 (%)	G11 (%)	G12 (%)
海南州	396	142	-0.99	25	6.5	0.17	29 095	11	0.52	50	41	15
黄南州	241	203	0.17	25	3.7	0.47	39 564	8	0.33	53	43	10
海北州	322	98	0.09	25	5.5	0.24	28 893	12	0.54	78	39	8
海东地区	367	172	-1.51	25	3.1	0.05	26 435	8	0.52	50	40	12
西宁市	230	256	-1.65	45	50.0	0.25	55 964	5	0.27	40	40	7
武威市	1 271	280	-0.88	25	4.6	0.38	30 346	11	0.54	60	35	22
兰州市	198	169	-1.60	50	71.0	0.28	188 770	10	0.52	70	33	6
天水市	85	41	0.25	30	5.4	0.15	24 984	10	0.59	65	36	5
临夏州	158	103	0.74	25	4.9	0.28	12 141	12	0.52	63	38	11
甘南州	146	68	0	33	5.2	0.22	16 810	11	0.35	67	40	7
定西地区	79	25	-0.52	25	7.3	0.19	11 241	14	0.56	62	38	11
白银市	167	55	0.38	35	15.4	0.61	45 906	10	0.56	58	39	13
庆阳地区	103	31	0.02	45	9.8	0.14	21 857	11	0.52	63	37	8
固原市	91	26	-0.08	30	16.6	0.35	8 631	11	0.69	45	35	14
吴忠市	823	301	-1.56	25	70.4	0.24	48 414	11	0.40	52	35	9
银川市	460	510	-0.60	50	68.4	0.40	75 294	10	0.45	76	45	8
石嘴山市	700	430	-1.36	50	48.2	0.17	64 997	10	0.48	76	35	7
乌海市	218	270	-0.32	45	45.9	0.22	207 312	10	0.72	87	35	6
鄂尔多斯市	434	117	-0.34	50	18.2	0.23	188 126	15	0.72	73	35	48
包头市	174	90	-0.49	50	41.8	0.26	126 726	10	0.63	82	33	19
阿拉善盟	324	70	-0.41	25	5.8	0.26	55 334	10	0.59	80	33	49
呼和浩特市	211	70	0.35	45	33.2	0.32	124 135	11	0.63	80	40	12
乌兰察布市	110	21	0.28	25	13.9	0.42	32 406	8	0.68	36	35	15
临汾市	158	157	-0.04	45	9.8	0.20	37 540	8	0.46	64	30	19
太原市	111	181	-0.44	50	31.5	0.25	97 144	11	0.64	94	39	13
吕梁地区	112	50	0.80	35	8.2	0.26	24 903	11	0.66	92	35	15
榆林市	147	44	-1.73	33	15.1	0.18	44 796	11	0.61	72	30	25
宝鸡市	78	110	-0.04	30	28.6	0.16	47 172	10	0.63	70	55	9
杨凌市	111	72	-1.63	40	11.3	0.19	26 983	10	0.71	70	40	5
咸阳市	80	105	-3.68	50	20.9	0.34	36 087	10	0.67	70	47	7
西安市	102	66	-0.42	50	22.4	0.31	100 662	7	0.49	53	40	8
铜川市	159	86	-3.05	35	7.3	0.21	43 553	11	0.60	50	34	9
渭南市	170	203	0.17	35	14.2	0.28	24 960	11	0.61	80	37	9
焦作市	112	124	-0.13	35	19.1	0.13	52 329	11	0.74	85	42	4
泰安市	49	55	-0.88	40	17.7	0.21	58 855	11	0.79	45	51	3
莱芜市	47	64	-0.06	40	15.1	0.32	69 876	10	0.68	85	52	2

6.3.2.2　指标归一化处理

由于多个指标之间通常是不可直接比较的,在量纲上是不统一的,因此评价多指标问题首先要进行目标的无量纲处理,即归一化。用相对值表示各指标的大小,将其置于(0,1)之间,使之无量纲化,便于相互直接比较。

正向指标

$$r_i(x) = \begin{cases} 0 & x_i < x_{i\min} \\ \dfrac{x_i - x_{i\min}}{x_{i\max} - x_{i\min}} & x_i \in [x_{i\min}, x_{i\max}] \\ 1 & x_i > x_{i\max} \end{cases} \tag{6-2}$$

负向指标

$$r_i(x) = \begin{cases} 0 & x_i > x_{i\min} \\ \dfrac{x_{i\max} - x_i}{x_{i\max} - x_{i\min}} & x_i \in [x_{i\min}, x_{i\max}] \\ 1 & x_i < x_{i\max} \end{cases} \tag{6-3}$$

式中:$r_i(x)$ 为指标的评价值,$x_{i\max}$ 为各指标参照的最大值,$x_{i\min}$ 为各指标参照的最小值,如表6-7所示。

表6-7　水资源安全指数评价参数标准化有关阈值

指标	G1 (m³/人)	G2 (m³/亩)	G3❶ (%)	G4 (%)	G5❷ (亿 m³)	G6 (%)	G7 (元)	G8 (%)	G9	G10 (%)	G11 (%)	G12 (%)
x_{i+}	1 000	1 000	0	0	d^-	10	10 000	10	0.3	30	50	0
x_{i-}	500	50	1.0	25	d^+	50	50 000	20	0.8	70	100	50

注:表中数据取值参考全国水资源综合规划(水利部,2009年12月)。

根据表6-7中各指标上下限阈值 x_{i+}、x_{i-} 分别采用式(6-2)和式(6-3)对各评价指标进行标准化处理,可得到各评价指标的标准化矩阵,如表6-8所示。

6.3.2.3　评价要素的权重确定

WPI组成要素评价权重采用熵值确定。熵是信息论中测定不确定性的量,信息量越大,不确定性越小,熵也越小。反之,信息量越小,不确定性越大,熵也越大。熵权体现了在评价的客观信息中指标的评价作用大小,是客观的权重。

黄河流域各分区水资源贫乏指数评价,以各指标权重的信息熵法确定权重,可分为以下四个步骤:

(1)以黄河流域2000~2007年为评价对象,建立评价对象指标集 $r_{ij}(x)(i=1,2,\cdots,12;j=1,2,\cdots,8)$。从各年信息中可分别求出各指标所占的比重。

---

❶ G3为水资源开发利用潜力与现状需水的比值,表示开发潜力的百分比。

❷ G5的区间根据各决策阶段的需水量确定,各地区的供水设施的能力不低于工业生活需水,要保障工业生活需水的满足,供水设施的总量可超出区域的需水总量,因此 d^-、d^+ 分别为地区的工业生活需水、总需水。

表6-8　黄河流域水资源不安全地区水贫乏指数标准化矩阵

地区	G1	G2	G3	G4	G5	G6	G7	G8	G9	G10	G11	G12
海南州	0.79	0.28	0	0.25	0.07	0.17	0.15	0.39	0.52	0.80	0.41	0.70
黄南州	0.48	0.41	0.77	0.25	0.04	0.47	0.20	0.42	0.33	0.53	0.43	0.80
海北州	0.64	0.20	0.51	0.25	0.06	0.24	0.14	0.38	0.54	0.78	0.39	0.84
海东地区	0.73	0.34	0	0.25	0.03	0.05	0.13	0.42	0.52	0.50	0.40	0.76
西宁市	0.46	0.51	0	0.45	0.50	0.25	0.28	0.45	0.27	0.40	0.40	0.86
武威市	1.00	0.56	0	0.25	0.05	0.38	0.15	0.39	0.54	0.60	0.35	0.56
兰州市	0.40	0.34	0	0.50	0.71	0.28	0.94	0.40	0.52	0.70	0.33	0.88
天水市	0.17	0.08	0.23	0.30	0.05	0.15	0.12	0.59	0.65	0.36	0.90	
临夏州	0.32	0.21	0.79	0.25	0.05	0.28	0.06	0.38	0.52	0.63	0.38	0.78
甘南州	0.29	0.14	0	0.33	0.05	0.22	0.08	0.39	0.35	0.67	0.40	0.86
定西地区	0.16	0.05	0	0.25	0.07	0.19	0.06	0.36	0.56	0.62	0.38	0.78
白银市	0.33	0.11	0.17	0.35	0.15	0.61	0.23	0.40	0.56	0.58	0.39	0.74
庆阳地区	0.21	0.06	0.02	0.45	0.10	0.14	0.11	0.39	0.52	0.63	0.37	0.84
固原市	0.18	0.05	0	0.30	0.17	0.35	0.04	0.39	0.69	0.45	0.35	0.72
吴忠市	1.00	0.60	0	0.25	0.70	0.24	0.30	0.40	0.52	0.35	0.82	
银川市	0.92	1.02	0	0.50	0.68	0.40	0.38	0.40	0.45	0.76	0.45	0.84
石嘴山市	1.00	0.86	0	0.50	0.48	0.17	0.32	0.40	0.48	0.76	0.35	0.86
乌海市	0.44	0.54	0	0.45	0.46	0.22	1.00	0.40	0.72	0.87	0.35	0.88
鄂尔多斯市	0.87	0.23	0	0.50	0.18	0.23	0.94	0.35	0.72	0.73	0.35	0.04
包头市	0.35	0.18	0	0.50	0.42	0.26	0.63	0.40	0.63	0.82	0.33	0.62
阿拉善盟	0.29	0.16	0	0.41	0.37	0.25	0.66	0.40	0.63	0.82	0.33	0.02
呼和浩特市	0.42	0.14	0.11	0.45	0.33	0.32	0.62	0.39	0.63	0.80	0.40	0.76
乌兰察布盟	0.22	0.04	1.00	0.25	0.14	0.42	0.16	0.42	0.68	0.36	0.35	0.70
临汾市	0.32	0.31	0	0.45	0.10	0.20	0.19	0.42	0.46	0.64	0.30	0.62
太原市	0.22	0.36	0	0.50	0.32	0.25	0.22	0.39	0.64	0.94	0.39	0.74
吕梁地区	0.22	0.10	0.38	0.35	0.08	0.26	0.12	0.39	0.66	0.92	0.35	0.70
榆林市	0.29	0.09	0	0.33	0.15	0.18	0.22	0.39	0.61	0.72	0.30	0.50
宝鸡市	0.16	0.22	0	0.30	0.29	0.16	0.24	0.40	0.63	0.70	0.55	0.82
杨凌市	0.22	0.14	0	0.40	0.11	0.19	0.13	0.40	0.71	0.70	0.40	0.90
咸阳市	0.16	0.21	0	0.50	0.21	0.34	0.18	0.40	0.67	0.70	0.47	0.86
西安市	0.20	0.13	0	0.50	0.22	0.31	0.50	0.43	0.49	0.53	0.40	0.84
铜川市	0.32	0.17	0	0.35	0.07	0.21	0.22	0.39	0.60	0.50	0.34	0.82
渭南市	0.34	0.41	0.04	0.35	0.14	0.28	0.12	0.39	0.61	0.80	0.37	0.82
焦作市	0.22	0.25	0	0.35	0.19	0.13	0.26	0.39	0.74	0.85	0.42	0.92
泰安市	0.10	0.11	0	0.40	0.18	0.21	0.29	0.39	0.79	0.45	0.51	0.94
莱芜市	0.09	0.13	0	0.40	0.15	0.32	0.35	0.40	0.68	0.85	0.52	0.96

$$P_{ij} = \frac{r_{ij}(x)}{\sum_{j=1}^{8} r_{ij}(x)} \qquad (i=1,2,\cdots,12; j=1,2,\cdots,8) \tag{6-4}$$

（2）根据指标的比重来计算其熵值

$$e_i = -k \sum_{j=1}^{8} P_{ij} \ln P_{ij} \qquad (i=1,2,\cdots,12) \tag{6-5}$$

（3）计算指标的差异系数

$$g_i = 1 - e_i \qquad (i=1,2,\cdots,12) \tag{6-6}$$

（4）各评价指标的权重计算

$$\omega_i = \frac{g_i}{\sum_{j=1}^{8} g_j} \qquad (i=1,2,\cdots,12) \tag{6-7}$$

熵值法是突出局部差异的权重计算方法，是根据某一指标观测值之间的差异程度来反映其重要程度的。若各个指标的权重系数的大小根据各个方案中的该指标属性值的大小来确定，指标观测值差异越大，则该指标的权重系数越大，反之越小。计算的客观权重见表6-9。

表6-9　黄河流域水贫乏指数评价指标权重分配

指标	G1	G2	G3	G4	G5	G6	G7	G8	G9	G10	G11	G12
ω_i	0.101	0.086	0.103	0.032	0.076	0.072	0.086	0.089	0.087	0.091	0.088	0.089

6.3.2.4　综合评价

WPI 综合评价采用下式确定：

$$S = \sum_{i=1}^{n} \omega_i R_i(x) \tag{6-8}$$

式中：S 为区域水资源贫乏指数评价值；n 为评价指标数，$n=1,2,\cdots,12$；ω_i 为各评价指标的权重，由式（6-7）确定；$R_i(x)$ 为指标的评价值。

采用式（6-8）对黄河流域各分区的水贫乏指数进行综合评价，各分项评价及综合评价成果见表6-10。

6.3.2.5　评价结论

根据黄河流域实际情况，结合国际、国家标准，综合分析大量相关研究成果历史资料，确定 WPI 评价分级划分标准阈值。如表6-11所示，根据 WPI 综合评价结果，将安全标准划分为5级，即良好、安全、临界、不安全、危险，用这5个等级可识别黄河中上游能源化工产业区各地市水资源安全状态所处的级别。

表 6-10　黄河流域水资源不安全地区水贫乏指数评价结果

省(区)	地区	R	A	C	U	E	WPI
青海	海南州	0.19	0.12	0.15	0.40	0.40	0.27
	黄南州	0.40	0.25	0.20	0.26	0.41	0.33
	海北州	0.31	0.15	0.14	0.40	0.40	0.31
	海东地区	0.19	0.04	0.13	0.31	0.40	0.23
	西宁市	0.19	0.38	0.28	0.41	0.40	0.26
甘肃	武威市	0.41	0.21	0.15	0.34	0.32	0.33
	兰州市	0.16	0.50	0.94	0.47	0.31	0.36
	天水市	0.14	0.10	0.12	0.38	0.35	0.23
	临夏州	0.36	0.16	0.06	0.34	0.36	0.30
	甘南州	0.10	0.13	0.08	0.30	0.39	0.21
	定西地区	0.06	0.13	0.06	0.34	0.36	0.20
	白银市	0.16	0.38	0.23	0.34	0.40	0.29
	庆阳地区	0.09	0.12	0.11	0.34	0.39	0.22
宁夏	固原市	0.07	0.26	0.04	0.35	0.38	0.22
	吴忠市	0.36	0.48	0.24	0.27	0.38	0.35
	银川市	0.33	0.55	0.38	0.37	0.41	0.39
	石嘴山市	0.38	0.33	0.32	0.38	0.36	0.37
内蒙古	乌海市	0.19	0.34	1.00	0.49	0.38	0.39
	鄂尔多斯市	0.22	0.21	0.94	0.43	0.36	0.36
	包头市	0.13	0.34	0.63	0.45	0.36	0.33
	阿拉善盟	0.11	0.29	0.51	0.38	0.36	0.33
	呼和浩特市	0.16	0.33	0.62	0.44	0.43	0.35
	乌兰察布盟	0.38	0.28	0.16	0.36	0.32	0.33
山西	临汾市	0.14	0.15	0.19	0.34	0.31	0.23
	太原市	0.13	0.28	0.49	0.49	0.34	0.32
	吕梁地区	0.20	0.17	0.12	0.49	0.38	0.30
陕西	榆林市	0.09	0.17	0.22	0.40	0.35	0.24
	宝鸡市	0.08	0.22	0.24	0.41	0.50	0.28
	杨凌市	0.09	0.15	0.13	0.43	0.38	0.25
	咸阳市	0.10	0.27	0.18	0.42	0.43	0.28
	西安市	0.10	0.27	0.50	0.31	0.39	0.27
	铜川市	0.11	0.14	0.22	0.33	0.41	0.23
	渭南市	0.15	0.21	0.12	0.43	0.34	0.27
河南	焦作市	0.10	0.16	0.26	0.49	0.41	0.28
山东	泰安市	0.07	0.19	0.29	0.39	0.50	0.27
	莱芜市	0.07	0.23	0.35	0.47	0.51	0.30

表 6-11　黄河中上游能源化工产业区水贫乏指数评价分级划分标准

水资源安全级别	良好	安全	临界	不安全	危险
WPI 区间	0.87 ~ 1	0.60 ~ 0.87	0.40 ~ 0.60	0.15 ~ 0.40	0.15

从黄河流域各分区水资源贫乏指数 WPI 的评价结果(见表 6-10)可以看出,以上所有地区 WPI 评价值的范围均为 0.2 ~ 0.4,为水资源不安全区。

6.3.2.6　水资源危机诱因分析

从 WPI 的评价结果,可以系统地诊断出区域水资源状态,从 WPI 各分项指标潜在水资源状况(R)、供水设施状况(A)、水资源利用能力(C)、水资源利用效率(U)以及生态环境状况(E)的评价结果可进一步分析出水资源危机的诱因。黄河流域水资源不安全地区诱因分布见表 6-12。

表 6-12　黄河流域水资源不安全地区诱因分布

省(区)	地区	R	A	C	U	E	诱因
青海	海南州	*	* ❶	*			水资源量、供水设施和利用能力
	黄南州		*	*	*		供水设施、利用能力和效率
	海北州	*				*	水资源量和生态环境
	海东地区	*	*	*	*		除生态环境外
	西宁市	*				*	水资源量和生态环境
甘肃	武威市		*	*	*	*	除水资源量外
	兰州市	*				*	水资源量和生态环境
	天水市	*	*	*	*	*	所有因素综合
	临夏州		*	*	*	*	除水资源量外
	甘南州	*	*	*	*	*	所有因素综合
	定西地区	*	*	*	*	*	所有因素综合
	白银市	*	*	*	*	*	所有因素综合
	庆阳地区	*	*	*	*	*	所有因素综合
宁夏	固原市	*	*	*	*	*	所有因素综合
	吴忠市	*		*	*	*	除供水设施外
	银川市	*		*	*	*	水资源量、利用能力及效率
	石嘴山市	*		*	*	*	除供水设施外
内蒙古	乌海市	*			*		水资源量及生态环境
	鄂尔多斯市	*			*		水资源量及生态环境
	包头市	*			*		水资源量及生态环境
	乌兰察布盟	*	*	*	*	*	所有因素综合

❶　* 表示评价指标不安全为水资源安全危机的诱因。

续表 6-12

省(区)	地区	R	A	C	U	E	诱因
山西	临汾市	*	*	*	*	*	所有因素综合
	太原市	*				*	水资源量及生态环境
	吕梁地区	*	*	*		*	除效率外
陕西	榆林市	*	*	*		*	除效率外
	宝鸡市	*	*	*			水资源量、设施及利用能力
	杨凌市	*	*	*		*	除效率外
	咸阳市	*	*	*			水资源量、设施及利用能力
	西安市	*	*	*	*	*	除能力外
	铜川市	*	*	*	*	*	所有因素综合
河南	濮阳市	*	*	*	*	*	水资源量及利用能力
山东	泰安市	*	*	*	*		除生态环境外
	莱芜市	*	*	*			水资源量、设施及利用能力

　　从各地区水资源贫乏指数 WPI 评价雷达图(见图 6-3)可以分析各地区水资源安全危机的诱因,即影响区域水资源安全的短板。

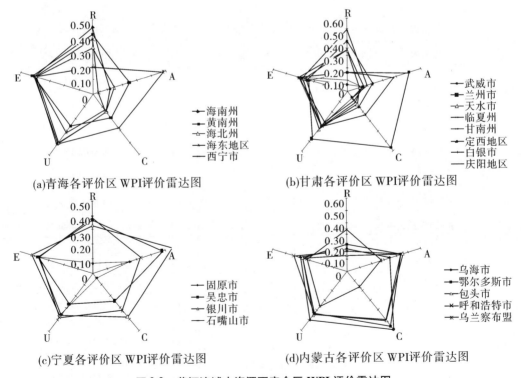

(a)青海各评价区 WPI 评价雷达图　　　　(b)甘肃各评价区 WPI 评价雷达图

(c)宁夏各评价区 WPI 评价雷达图　　　　(d)内蒙古各评价区 WPI 评价雷达图

图 6-3　黄河流域水资源不安全区 WPI 评价雷达图

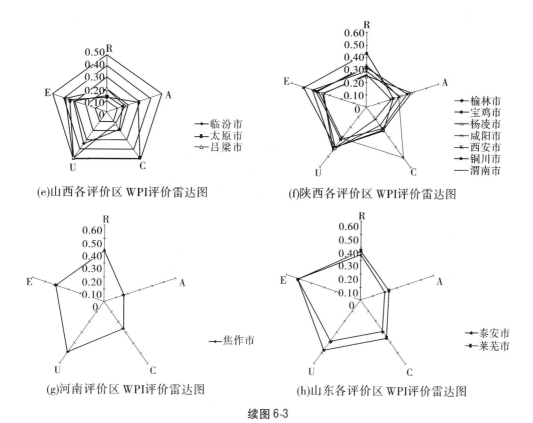

(e)山西各评价区WPI评价雷达图　　　　(f)陕西各评价区WPI评价雷达图

(g)河南评价区WPI评价雷达图　　　　(h)山东各评价区WPI评价雷达图

续图6-3

黄河流域水资源不安全地区,WPI各分项评价指标评价成果,见图6-4~图6-8。

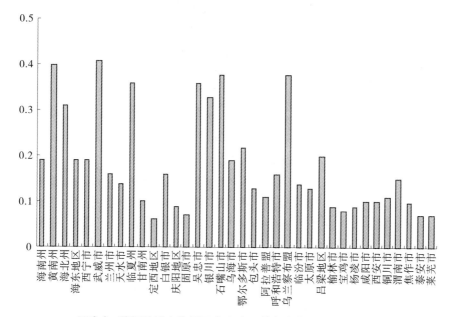

图6-4　黄河流域水资源不安全地区潜在水资源状况 R 评价

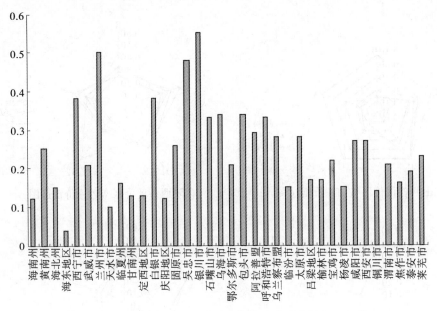

图 6-5　黄河流域水资源不安全地区潜在水资源状况 A 评价

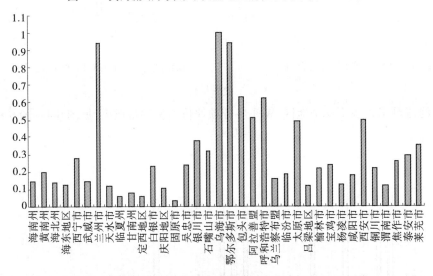

图 6-6　黄河流域水资源不安全地区潜在水资源状况 C 评价

黄河流域水资源安全问题,必然受黄河自然条件的约束,但水资源开发利用程度不高、利用效率低等也是造成该问题的重要原因。从图 6-4～图 6-8 中可以看出,水资源量不足是黄河流域缺水地区存在的一个共性特征,根据 R 评价结果,除黄南州和武威市等地市 R 评价值高于临界安全值外,其他均为不安全;除兰州、吴忠、银川等大城市外其他地区均存在供水设施 A 评价值偏低问题;C 评价受当地 GDP 发展水平影响,大城市高,中小城市低;U 评价主要反映区域水资源利用效率,大城市及部分工业化地区水资源利用效率较高;E 评价值除上游青海省及下游山东省较高外,其他地区均存在生态环境问题。

对于 WPI 评价不安全地区,应在保证生态环境需水的情况下,通过提高水资源的开发程度和利用效率、调整用水结构等手段进行内部挖潜,可以适当缓解当地水资源短缺问

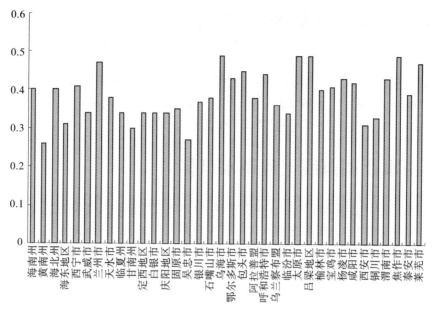

图 6-7　黄河流域水资源不安全地区潜在水资源状况 U 评价

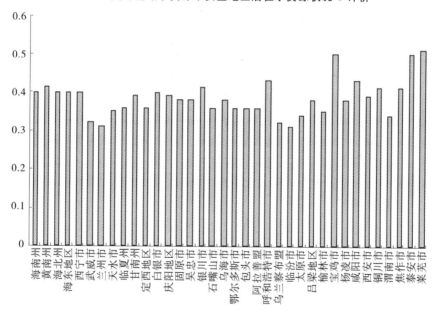

图 6-8　黄河流域水资源不安全地区潜在水资源状况 E 评价

题,提高水资源承载力,走可持续发展的道路。根据各地区 WPI 分项指标评价成果,从水资源调控的角度来寻求解决黄河流域水资源不安全问题,破解制约各地区发展的瓶颈,策略如下:

(1)潜在水资源状况 R 评价值偏低说明区域水资源量不足,可利用量不能满足区域经济社会发展对水资源需求,应多渠道开源补充水源不足的问题。

(2)供水设施状况 A、水资源利用能力 C 评价值偏低,说明对水资源的调控能力低、供水能力不足,应通过加大水利设施的投入来改善,近期研究成果表明,黄河流域水利投资不足 GDP 总量的 1%，远低于 5%~6% 的适宜规模❶。

（3）水资源利用效率 U 评价值低说明水资源开发利用效率低、水资源浪费较大，可通过加大节水投入、提高用水效率来改善。

（4）生态环境状况 E 评价值偏低，是由于区域经济社会发展挤占生态环境用水造成生态环境破坏；评价区生态环境状况总体较差，因此 E 评价值均偏低，在规划水平年应保障生态环境水量，加强生态环境建设，改善生态环境。

6.4　南水北调西线工程调水目标

根据维持黄河健康和流域经济社会发展、生态环境建设对水资源的需求，以及流域缺水形势和缺水分布，确定南水北调西线一期工程开发任务为：增加黄河干流水量，从而增加河道外经济社会发展用水，缓解黄河流域水资源紧缺状况，支撑流域经济、社会的可持续发展；补充黄河河道内生态用水，恢复和维持黄河河道基本功能；遏制黄河上游部分地区和邻近河西内陆河有关地区生态环境严重退化的趋势，为保障流域供水安全、能源安全、粮食安全和生态安全提供水资源条件。

（1）缓解黄河水资源紧缺的严峻局面，支撑经济社会的可持续发展，为流域供水安全、能源安全和粮食安全提供水资源保障。调水从源头进入黄河，增加黄河干流水量，增加上中游经济社会发展用水量，保证重点城市和重要能源基地的用水需求，大大缓解水资源供需矛盾，促进流域社会经济可持续发展，提高枯水年份国民经济用水安全保证程度。

为黄河上中游 14 座大中城市供水，保障居民生活饮水安全；向黄河上中游地区的宁东、呼包鄂"金三角"、陕北榆林、山西离柳孝汾和甘肃陇东等能源基地供水，为能源工业的发展提供水资源条件，提高国家能源安全保障。通过向城市和能源基地供水，退还工业生活挤占农业的部分水量，提高农业用水保证程度，尤其是枯水年份的保证程度，保障流域粮食安全和流域水资源安全。调入水量通过黄河干流水库的调蓄，蓄丰补缺，增加枯水年份国民经济用水量。

（2）补充黄河河道内生态用水，为维持黄河健康提供水资源支撑。合理配置黄河干流河道内生态用水，增加黄河河道内生态环境用水，通过黄河水沙调控体系的建设和运用，塑造协调的水沙过程。有效遏制宁蒙河段、禹潼河段、黄河下游河段淤积和河槽萎缩加剧的局势，为维持河流健康和实现功能性不断流创造条件。

（3）遏制黄河上中游部分地区和邻近河西内陆河有关地区生态环境严重退化的趋势，为相关地区的生态安全提供水资源保障；为黄河黑山峡河段生态灌区提供水资源条件，改善当地生态环境和生存条件；为相邻的河西内陆河地区提供水资源条件，遏制下游生态环境持续恶化的态势，维持生态绿洲的稳定；为西北地区的生态安全提供水资源保障。

南水北调西线一期工程调水量从河源区注入黄河，可以增加黄河水资源总量，缓解全

---

❶　中国水利水电科学研究院，水利与国民经济协调发展研究，2008 年 9 月。

流域生产、生活和生态环境相互争水的局面,减轻全河的供水压力,为黄河及邻近地区的国民经济发展和生态环境改善提供水资源保障;同时通过向河道内补充水量,对河流基本功能,特别是生态与环境功能的修复和维护奠定基础。

由于西线一期工程供水范围可以覆盖黄河全流域,通过黄河干流现状和规划骨干调蓄工程进行联合调节,与黄河自身水资源统一配置,可解决或者缓解黄河流域以及邻近地区水资源短缺问题。因此,南水北调西线一期工程的受水区范围为黄河全流域及邻近的相关地区。

6.5　南水北调西线一期工程受水区选择

6.5.1　受水区及受水对象选择原则

根据第 5 章黄河流域缺水形势分析,在充分考虑节水的条件下,2030 水平年黄河流域总缺水量仍达 142.12 亿 m^3 ,河道外缺水与河道内缺水并存,其中河道外缺水 104.17 亿 m^3 ,河道内缺水 37.95 亿 m^3 。而南水北调西线一期工程调水量有限,为充分发挥西线调水的作用和效益,需要统筹考虑流域经济社会发展与河流健康生命的要求,选择西线一期工程受水区及受水对象。其中,河道外受水区及受水对象的选择要遵循以下原则:

(1)因地制宜,突出重点。黄河流域资源性缺水严重,各水平年均存在较大供需缺口,而西线一期工程调水量有限,因此受水区的选择要针对黄河水资源开发利用中存在的突出问题,集中解决最紧迫需要的部分。

(2)效率优先,统筹兼顾。根据各省(区)经济社会发展格局,考虑供水对象对水价的承受能力,选择用水效率较高和效益较好的地方及部门供水,以利于促进水市场的发展和相关配套资金的筹措。同时,统筹考虑维持河流健康生命的要求,适当增加河道内输沙水量。

(3)高水高用,水量置换。统筹考虑干流和支流水资源的开发利用,按照高水高用、水量置换的原则,在考虑河道内生态环境用水前提下,支流可优先利用当地水,由西线工程增供水量补充干流减少的水量。

(4)先易后难,急用先行。统筹考虑受水区的供水形式与配套工程的难易程度,以及受水对象用水的紧迫程度,使增供水量尽快发挥应有的效益。

(5)可持续利用。按照先节水后调水、先治污后通水、先环保后用水的"三先三后"原则,优先选择节水、治污建设相对较好的地区供水,促进以水资源的可持续利用支撑河道外区域经济社会的可持续发展。

6.5.2　主要受水区确定

6.5.2.1　河道外受水区

根据以上原则,结合黄河流域水资源安全评价的成果,从以上水资源不安全的地区中选出由于水资源不足而引起水资源安全问题的地区,确定的河道外受水区范围包括 26 个地区,预计 2030 年缺水 88.50 亿 m^3 ,见表 6-13。

表6-13　黄河流域河道外受水区选择　　　　　　（单位：亿 m³）

省（区）	地区	需水量	供水量	地表耗水	缺水
青海	海北州	0.88	0.67	0.53	0.21
	海东地区	9.39	6.11	4.89	3.28
	西宁市	12.35	9.29	7.22	3.06
甘肃	兰州市	19.54	14.04	8.10	5.50
	天水市	5.43	4.60	2.61	0.83
	甘南州	1.46	1.14	0.77	0.32
	定西地区	5.47	4.43	3.04	1.04
	白银市	10.88	4.26	2.73	6.62
	庆阳地区	5.07	4.39	2.78	0.68
宁夏	固原市	5.11	3.30	2.18	1.81
	吴忠市	42.18	32.11	20.96	10.07
	银川市	23.23	14.01	8.02	9.22
	石嘴山市	10.89	9.07	6.98	1.82
内蒙古	乌海市	2.60	2.02	1.34	0.58
	鄂尔多斯市	21.23	16.42	6.92	4.81
	包头市	14.87	10.98	4.55	3.89
	阿拉善盟	4.54	2.05	1.63	2.49
	呼和浩特市	16.42	11.15	4.98	5.27
山西	临汾市	13.63	10.95	7.31	2.68
	太原市	9.96	7.52	4.76	2.44
陕西	榆林市	17.11	14.05	7.19	3.06
	杨凌市	0.30	0.24	0.11	0.06
	咸阳市	15.49	10.30	3.68	5.19
	西安市	23.29	16.18	4.57	7.11
	铜川市	2.19	1.74	1.03	0.45
	渭南市	21.80	15.80	7.94	6.00
合计		315.31	226.81	126.82	88.50

西线工程河道外受水对象所涉及的26个受水区，包括重点城市、能源化工基地。

1. 重点城市

黄河上中游地区现有建制市55座，大多数用水紧张，要么掠夺性地大量超采地下水，要么超量引用黄河水，挤占其他部门或地区的用水指标。随着城市化进程的加快和城市用水的增加,必将导致黄河水资源供需矛盾更加尖锐。

根据黄河流域内城市用水现状及取水工程条件,选择西线工程重点供水城市,包括青海省西宁市及湟水和沿黄小城镇;甘肃省的兰州市、白银市、天水市;宁夏回族自治区的银川市、石嘴山市、吴忠市(利通区)、青铜峡市和中卫市;内蒙古自治区的呼和浩特市、包头市、临河市、鄂尔多斯市(东胜区)和乌海市共14座重点城市。

2. 能源化工基地

黄河流域煤炭等矿产资源丰富,是我国重要的能源、重化工基地,已探明煤产地(或井田)685处,保有储量4 492亿t,占全国煤炭储量的46.5%。我国西部大开发战略的实施,为这些地区的发展带来了空前的发展机遇,充分利用丰富的资源优势,集约开发煤炭,加快石油、天然气的勘探开发,变当地资源优势为经济优势。目前,西北地区经济基础薄弱,而且受水资源短缺的制约,使得部分矿产资源和能源基地的开发建设举步维艰,部分项目迟迟不能投产,严重影响经济社会的发展,制约西北大开发战略的实施。

根据国家《煤化工业中长期发展规划》中黄河中上游煤化工产业区的布局,结合各省(区)受水区规划情况,选择西线工程供水对象,包括宁夏的宁东能源基地,内蒙古的呼包鄂"金三角"经济圈、乌海市及乌斯太工业能源基地,陕西的陕北榆林能源工业基地,山西的离柳孝汾煤电能源基地以及甘肃陇东能源基地等。

6.5.2.2　黄河干流河道

黄河流域资源性缺水严重,随着经济社会的快速发展,国民经济用水大量挤占河道内生态环境用水,导致河道断流、生态环境恶化、河床萎缩和河道淤积严重等一系列问题,水资源短缺问题已经危及黄河本体健康生命。

根据黄河流域不同水平年水资源供需分析成果,以利津断面为代表,分析黄河干流河道内缺水形势。2030水平年黄河干流河道内缺水量为37.95亿 m^3 ,缺水率达17.3%,河道内用水已经处于不安全状态。由于径流量衰减以及河道外经济社会用水进一步挤占河道内生态环境用水,黄河干流河道内缺水形势将更趋严峻。

综合黄河流域水资源供需平衡分析成果以及确定的河道内外受水对象的缺水形势,需调水125.45亿 m^3 来满足受水对象未来发展的用水缺口。

6.6　小　结

研究引入水系统安全的新理论和预警方法,以区域现状及未来的水资源供给量和需求量为基础,分析、预测不同时期的水资源供需对比关系,确定水资源供需平衡等级,分析水资源安全的区域差异,界定水资源短缺严重区域并分析其成因,为不同的水资源安全形势区域提出具有针对性的水资源安全对策和保证措施。

构建区域水资源安全的 PSR 模型,引入区域水资源供需平衡压力指数初步评价黄河流域水资源安全状况,采用水资源贫乏指数 WPI 进一步剖析水资源危机的诱因,基于水资源安全评价筛选出南水北调西线工程的潜在受水区。

第 7 章　合理调水规模及其优化配置研究

7.1　泛流域水资源系统的认识

近年来,随着我国横向开放经济带的崛起,要求在更广的空间配置水资源,摆脱单一流域水资源的制约,打破原有水系以分水岭为界的纵向联系,实现水资源利用效益的最大化,因此出现了泛流域水资源系统优化问题。

泛流域字面意思是超出一个流域范畴,指两个及两个以上的流域。通过水利工程打破原有水系相互独立的状态,使水资源跨越流域界线,形成了泛流域。我国现阶段开展的南水北调工程,通过调水工程实现水系联通、南北互济,形成了长江与黄淮海泛流域超大水系。泛流域水资源配置要求对联通的水系统实行统一分配和管理,强调从整体上考虑问题,克服单一流域的局限性。

泛流域系统优化实际上也是对水资源和水环境承载能力的扩张和延展,提高大系统的整体性、协调性。近年来,我国学者在流域水资源优化配置领域开展了大量的研究,建立了系统的理论与方法。但目前针对跨流域水资源配置的研究一般是在给定的调水量、确定的工程布局下开展的,没有真正解决泛流域水资源系统的优化问题。目前泛流域系统还仅限于概念上,系统优化需要解决以下 3 个层面的问题:

(1)认知层面。重新审视调水河流的原生态保护、调水区经济发展的问题,避免带来不可逆转的破坏。

(2)理论层面。泛流域优化的出现使系统的边界从单一流域拓展到多个流域,需要泛流域水资源均衡理论的支持。

(3)方法层面。泛流域涉及调水区与受水区、需求与供给、水与生态三重平衡关系,影响因素众多,系统结构复杂,必须研究超大系统的水资源优化资源配置方法,创建系统优化平台,在统一框架下调控,弱化流域制约,激发有利于可持续发展的因素。

7.2　泛流域水资源优化配置模型

跨流域调水规模及可行性论证涉及经济社会、生态环境等众多因素,但在市场经济体制和以工程投资为主体的条件下,区域调水决策的主要影响因素为受水区需水量和被调水区可调水量,经济社会目标也是重要影响因素。根据受水区范围及对调入水量的需求分析,西线一期工程主要受水区为黄河上中游 6 省(区)以及黄河干流河道,2030 水平年河道内外供需总缺水量 125.45 亿 m³,超过调水河流最大可能调水量 102.05 亿 m³,可见调水规模不可能全部满足受水区的用水需求。因此,在受水区范围内选择了用水增长最快、缺水形势最严峻、对经济社会发展和生态环境改善作用最大的部门作为供水对象。

7.2.1　模型的建立

调水会对调水区与受水区的现状及长远发展产生重要影响。因此,跨流域调水的合理性分析会涉及调水区与受水区的水资源、社会(包括政治、经济)和生态环境等各个方面,本质上是一个多目标决策问题。单从调水区与受水区二者水资源本身的丰缺状况对比来考虑问题显然是不全面的,但若从多目标决策的角度进行分析,则往往会由于各目标的模糊性、复杂性和主观性,目标间的相互冲突、不协调以及指标处理与决策求解的主观简化等原因,而使最终的决策结果难以客观合理。建立一个跨流域调水的泛流域水资源优化模型系统,分别从调水总量优化、调水工程规模布局优化以及调水量分配优化等角度,开展南水北调西线工程调水规模及水量分配问题的研究。

7.2.1.1　模型优化目标

1. 综合缺水最小

跨流域调水是水资源承载力在系统区域内的转移和分配。跨流域调水系统的承载力由构成该系统的调水区及各受水区水资源承载力组成;该系统中各区域水资源状况、社会经济状况、生态环境状况的不同,决定了该系统各地区水资源承载力的不同,也决定了跨流域的必要性与可能性。

建立基于跨流域调水条件下的泛流域水资源整体分配模型,将所有潜在的调水区和受水区联系为统一整体,实施水资源统一调配。以综合缺水率最低(或综合水资源安全度最高)为目标,即

$$\text{Min} f = \sum_{i=1}^{n} \left[\omega_i \left(\frac{W_d^i - W_s^i}{W_d^i} \right)^\alpha \right] \tag{7-1}$$

式中:ω_i 为 i 子区域对目标的贡献权重,以其经济发展目标、人口、经济规模、环境状况为准则,由层次分析法确定;W_d^i、W_s^i 分别为 i 区域的需水量和供水量;α(0 < α ≤ 2,取1.5)为幂指数,用以体现水资源分配原则,α 愈大则各分区缺水程度愈接近,水资源分配越公平,用以体现公平原则,反之则水资源分配越高效。

2. 工程调水综合净收益最大化

调水综合收益包括受水区的收益和调出区调出水量的损失;调水综合净收益最大化,即调水后受水区的收益与调出区的损失之差最大。

$$B = \text{Max} \left\{ \sum_{i=1}^{2} \sum_{j=1}^{J} \sum_{k=1}^{K} TB \left[Q(i,j,k) \right] - \sum_{n=1}^{N} \sum_{m=1}^{12} TC \left[Q(m,n) \right] \right\} \tag{7-2}$$

式中:$TB \left[Q(i,j,k) \right]$ 为受水区配水量 $Q(i,j,k)$ 的配水收益;$TC \left[Q(m,n) \right]$ 为调水量为 $Q(m,n)$ 时的调水区损失总量。

受水区的总收益为

$$TB \left[Q(i,j,k) \right] = \int \lambda(i,j,k) Q(i,j,k) \mathrm{d}q \tag{7-3}$$

调水区的总损失为

$$TC \left[Q(m,n) \right] = \int \theta(m,n) Q(m,n) \mathrm{d}q \tag{7-4}$$

式中：$\lambda(i,j,k)$ 为受水区 i 的受水量边际综合收益；$Q(i,j,k)$ 为调水区 j 的调出水量；$\theta(m,n)$ 为调水区 j 的调水量边际损失。满足调入水量和调出水量相等，即

$$\sum_{i=1}^{2}\sum_{j=1}^{J}\sum_{k=1}^{K}Q(i,j,k)=\sum_{n=1}^{N}\sum_{m=1}^{12}Q(m,n)=Q_{总量} \qquad (7\text{-}5)$$

式中：J 为受水区数目；N 为调出区的数目。

优化调水工程在各河流的布局及规模，满足在一定调水量 $\sum\limits_{n=1}^{N}\sum\limits_{m=1}^{12}Q(m,n)=Q_{总量}$ 的条件下，使调水工程的总投资最小。

$$In=\mathrm{Min}\left\{\sum_{n=1}^{N}\mathrm{Invest}\left[Q(m,n)\right]\right\} \qquad (7\text{-}6)$$

式中：$\mathrm{Invest}\left[Q(m,n)\right]$ 为第 n 个调水工程调水量为 $Q(m,n)$ 时的工程投资；N 为调水工程的总数。

3. 调水保证率尽可能高

水资源这一复杂系统的多种因素都具有不确定性，单一因素或多因素组合的不确定变化都会导致调水方案的目标风险。对于由降雨、径流时空分布与量的不确定性等自然环境本身固有的不确定性引起的一些风险，汇集所有这些风险因素，就构成了调水系统的风险因素集，可概括为自然风险、工程风险两个方面的风险因素。在一定调水量情况下，应使调水的保证率最高。

$$Pr=\mathrm{Max}\left[1-P(Q<Q_0)\right] \qquad (7\text{-}7)$$

式中：Pr 为调水量满足设计调水量的概率；$P(Q<Q_0)$ 为调水量 Q 低于设计调水量 Q_0 的概率。

综上所述，同时满足综合缺水最小、工程调水综合净收益最大化和调水保证率尽可能高这三个目标的调水量及工程规模即为优化的调水量和工程规模。

7.2.1.2 模型的约束条件和原则

1. 产水地用水优先的原则

为维持调水区水资源系统稳定，应从长期发展角度保证调出区安全，赋予产水地用水优先，需满足

$$W_{\mathrm{ds}产水}<KW_{\mathrm{ds}受水} \qquad \left(K\leqslant\frac{1}{2}\right) \qquad (7\text{-}8)$$

式中：$W_{\mathrm{ds}产水}$、$W_{\mathrm{ds}受水}$ 分别为产水区和受水区的水资源承载力供需平衡压力指数。

2. 系统稳定的原则

为维持流域水资源系统的稳定、和谐，调水后各水资源不安全地区应脱离不安全状态，且各受水区水资源承载力供需平衡压力指数当量应接近，即

$$W_{\mathrm{ds}}=\frac{W_{\mathrm{d}}}{W_{\mathrm{s}}}<1.2 \qquad (7\text{-}9)$$

$$W_{\mathrm{ds}}^{i}\approx W_{\mathrm{ds}}^{j} \qquad (7\text{-}10)$$

式中：W_{ds}^{i}、W_{ds}^{j} 分别为不同区域的水资源承载力供需平衡压力指数。

3. 生态环境补水优先的原则

长期以来黄河流域水资源开发利用已经超过了其承载能力,引起了一系列的生态环境问题,在调水条件下,应保证生态环境具有优先补水权,即

$$W_{\text{ds河道外}} \geqslant \gamma W_{\text{ds河道内}} \tag{7-11}$$

式中:$W_{\text{ds河道内}}$、$W_{\text{ds河道外}}$ 分别为河道内、河道外水资源承载力供需平衡压力指数;γ($\gamma > 1$)为倍比数。

河道内水资源承载力当量应不小于一定倍比的河道外水资源承载力当量,河道内水资源压力不大于河道外水资源压力,否则调入水量应优先补给河道内。

4. 高效用水原则

调入水量配置应按照效率优先原则,通过权重 ω_i 来实现,根据对黄河流域水资源不安全地区的缺水分析,制定出 ω_i 的几个级别,作为层次分析法 AHP(Analytic Hierarchy Process)确定权重的重要依据:第一层次,黄河流域的大型城市,缺水影响特别严重,缺水影响人民生活用水,重要性 9,权重 $\omega_i = 1.9$;第二层次,较大的城市,缺水影响严重,缺水重点产业和能源化工产业用水缺水影响工业发展以及河道内生态环境用水,重要性 7,权重 $\omega_i = 1.7$;第三层次,小城市,缺水影响一般工业发展用水,重要性 3,权重 $\omega_i = 1.3$;第四层次,农村,缺水影响农业灌溉和灌区发展,重要性 1,权重 $\omega_i = 1.1$。

7.2.1.3　调入水量的配置原则

黄河流域属资源性缺水地区,在强化节水模式下,各水平年水资源的供需缺口仍很大,而南水北调西线一期工程调水规模有限,为充分发挥调水的作用和效益,调入水量配置按照黄河流域水资源统一调配和统一管理的原则,针对黄河流域及邻近地区可持续发展中面临的紧迫问题,分轻重缓急,突出重点,尽可能解决或较大程度地缓解受水区的水资源短缺形势。调入水量配置主要遵循以下原则:

(1)调入水量配置以黄河流域水资源配置为基础,统筹考虑黄河水资源和调入水量进行。

(2)统筹考虑河道外生活、生产、生态用水和河道内生态环境用水,保证河流生态环境低限用水要求,兼顾经济效益、社会效益和生态效益。

(3)统筹考虑不同河段、不同省(区)、不同部门的用水要求,按照公平、高效和可持续利用的原则,既要考虑各地区各部门的缺水程度,又要考虑供水效率和效益。优先保证重要城市生活用水和重要工业、能源基地的用水要求。

(4)统筹配置干流和支流水资源,体现高水高用、低水低用的原则,在考虑河道内生态环境用水前提下,支流可优先利用当地水,西线增供水量补充干流减少的水量。

7.2.2　模型系统构建

模型系统设置总分结构框架,由宏观层、中观层和微观层构成,层层深入,首先解决宏观层次上的调水量问题,其次解决调水工程布局及调水量部门分配等中观层次问题,最后解决微观层次上的调水工程合理调度以及受水区水量的优化分配问题,上一层次的解可作为下一层次的已知输入,层层嵌套(模型系统构成见表 7-1、图 7-1)。

表7-1　跨流域调水的泛流域水资源优化模型系统

模型	建模目标	解决问题	固定参数	求解变量
M0	总体协调模型	规模优化、分配优化	α	$Q_{总量}$
M1	调水工程和规模优化	工程布局、规模优化	n	$Q(m,n)$
M2	受水区水量分配	河道内外、地区部门优化	λ	$QP(i,j,k)$
M3	投入产出优化	模型求解模块	$\lambda(i,j,k)$, $\theta(m,n)$	B

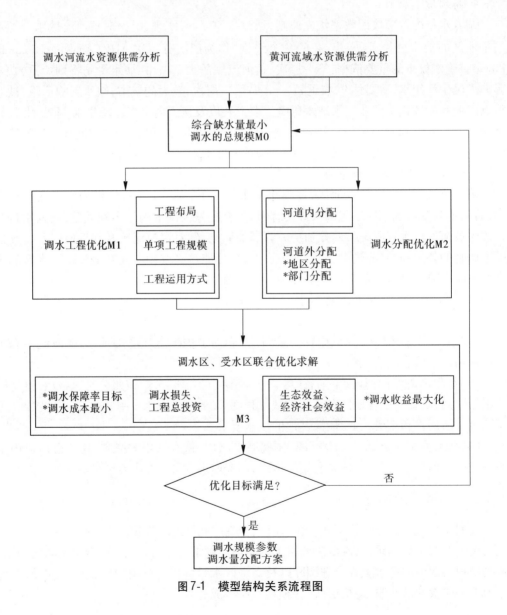

图7-1　模型结构关系流程图

值得注意的是,模型 M1 ~ M3,其自由度不断增加,可供优化运筹的空间增加,因此可以期望获得更好的优化结果、更高的目标值。同时,运筹难度特别是符号解(解析解)的难度也大大增加。

M0 从宏观层面解决调水总量优化问题,按照综合缺水最小目标,在调水区和受水区间按式(7-1)进行优化决策,确定调水总量 $Q_{总量}$,并作为输出实现与调水区的工程规模和布局优化模块 M1 及受水区的调水量分配优化模块 M2 之间的数据联络。

M1 从调水区层面解决 7 个调水坝址的规模和布局优化问题;M1 根据 M0 给定的调水规模 $Q_{总量} = \sum_{n=1}^{7} \sum_{m=1}^{12} Q(m,n)$ 和调水保证率 $P(Q) > P_0$ 的要求,按照调水损失和调水影响最小化,实现 7 个调水区的工程规模和布局方案组合,并将提出的调水区规模造价及其损失影响参数传递给 M3。

M2 模型从受水区层面解决调入水量的时空优化分配问题,按照调水量分配的效益最大化,实现调水总量在时间(通过黄河干流水库的调节作用)和不同空间(在不同受水区之间)的优化分配,满足分配水量约束 $Q_{总量} = \sum_{i=1}^{2} \sum_{j=1}^{J} \sum_{k=1}^{K} Q(i,j,k)$, $i = 1,2$ 为河道内外配水, $j = 1,2,\cdots,J$ 为配水地区, $k = 1,2,\cdots,K$ 为配水部门,地区、时间和部门均为自由变量,实质是水资源 $Q(i,j,k)$ 在三维空间中的优化,M2 产生不同的分配方案和效益分析参数传递给 M3。

M3 是连接优化模块,M3 在接收 M1 成本和 M2 收益数据基础上调用系统经济优化模块进行评估,通过分析对比各分项工程边际投入、调水区边际成本和受水区边际效益,调用分析子程序确定优化方案,并对泛流域调水系统目标实现程度进行决策。

自模型 M0 ~ M3,模型的决策变量及其自由度逐渐增加,可供优化运筹的空间增加,同时,运筹难度增加。模型系统各模型之间的关系及数据传递见图 7-1。

7.2.3　泛流域水资源系统概化

南水北调西线一期工程从雅砻江、大渡河干支流引水,调水工程由 7 座水源水库和多段输水隧洞组成,引水枢纽均设输水支洞与主输水洞相联。调水从源头进入黄河,经黄河干流主要水库调节分配到各个受水区。

对泛流域系统进行概化可将实体抽象简化为用参数表达的概念性元素,并建立描述各类元素内部和相互之间水力联系与水量运移转换的框架,为建立系统的数学模型奠定基础。根据外调水工程调蓄和黄河流域供水的水力关系,可以将跨流域调水系统概括为调水水系、调水工程、调水渠道、受水河流、受水水库和受水单元等六类基本元素。根据工程布置、河流水系特征,将南水北调西线工程泛流域水资源配置系统概化为如图 7-2 所示的关系。

如图 7-2 所示,系统由以下六个部分组成:

(1)调水水系。根据南水北调西线工程的总体规划,可以在调水工程所在的河流大渡河水系和雅砻江水系,将调水量在两河流及其支流中优化分配并确定调水坝址。

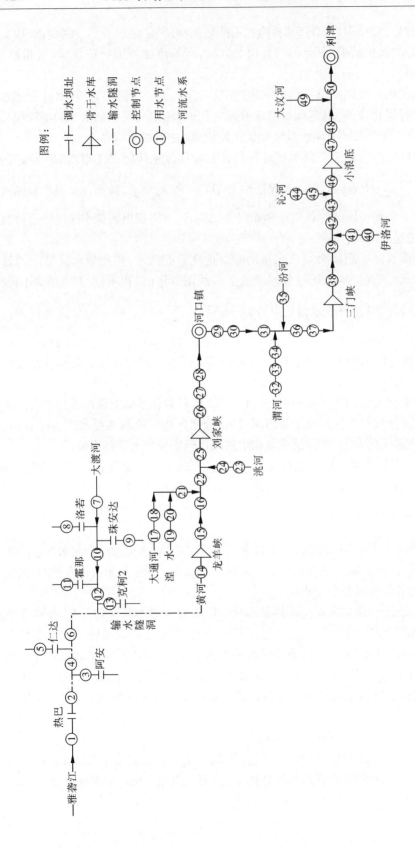

图7-2 南水北调西线工程泛流域水资源配置系统节点概化图

（2）调水工程。在大渡河和雅砻江两大水系上，模拟两河流水系上诸多工程联合优化调节来保证调水总体目标的实现。

（3）调水渠道。从调水工程供水到受水河流或水库的水力连线，是连接调水区和受水区的水流通道。

（4）受水河流。南水北调西线调水进入黄河源头，惠及黄河流域受水地区。

（5）受水水库。调水进入黄河后经黄河中上游主要水库调节统一进行调度和分配。受水水库是接受外调水工程供水的地表蓄水工程，以对本地受水单元供水。

（6）受水单元。指黄河流域的受水区及河道内受水对象，作为计算单元接受外调供水。

（7）南水北调西线工程存在槽蓄功能或调蓄的水库。系统概化根据工程总布置情况设置了7座调蓄水库，由调蓄水库调节优化调水过程。

7.2.4　模型优化求解的理论基础

7.2.4.1　水资源生产函数

生产函数是西方经济学中一个十分重要的概念，萨缪尔森将生产函数定义为"在技术水平既定条件下确定某一组要素投入所能带来的最大产出的关系式"。著名的柯布-道格拉斯生产函数，是由美国数学家柯布（Charles W. Cobb）与经济学家道格拉斯（Paul-Douglas）根据历史统计资料，研究了1899～1922年期间美国的资本与劳动力数量对制造业产量的影响后提出来的，其形式为

$$Y = A(t)L^{\alpha}K^{\beta}uW^{\tau} \tag{7-12}$$

式中：Y 为某地区工业总产值；$A(t)$ 为综合技术水平；L 为投入的劳动力数；K 为投入的资本，一般指固定资产净值；W 为水资源量投入；α 为劳动力产出的弹性系数；β 为资本产出的弹性系数；u 表示随机干扰的影响，$u \leqslant 1$；τ 为水产出的弹性系数。一般地 α、β、τ 均小于等于1，根据 α、β、τ 的组合情况可分为三种类型：

（1）$\alpha + \beta + \tau > 1$，称为规模报酬递增型，表明按现有技术用扩大生产规模来增加产出是有利的，即增加投入的边际收益为正。

（2）$\alpha + \beta + \tau < 1$，称为规模报酬递减型，表明按现有技术用扩大生产规模来增加产出是得不偿失的，即增加投入的边际收益为负。

（3）$\alpha + \beta + \tau = 1$，称为规模报酬不变型，表明生产效率并不会随着生产规模的扩大而提高，只有提高技术水平，才会提高经济效益。

柯布-道格拉斯生产函数具有较为广泛的适用范围，可用来描述一个国家、一个地区总投入产出关系，在经济理论研究与政策分析评价中占有相当重要的地位。

式（7-12）为水资源生产函数模型，从柯布-道格拉斯生产函数模型可以看出，可把水资源作为一种生产要素引入生产函数中，而决定地区经济发展水平的主要因素是投入的劳动力数、固定资产和综合技术水平（包括经营管理水平、劳动力素质、引进先进技术等），产量与稀缺水资源的投入有关。对式（7-12）求水资源变量 W 的导数，有

$$\frac{\partial Y}{\partial W} = \tau A(t)L^{\alpha}K^{\beta}uW^{\tau-1} \tag{7-13}$$

式(7-13)即为水资源的边际产出,由于 $\tau \leqslant 1$,则 $(\tau - 1) \leqslant 0$,因此水资源边际产出为指数为负的幂指数,即符合边际收益递减原理。

7.2.4.2　水资源利用的边际收益递减原理

边际收益是经济分析中十分有用和重要的概念,也是经济优化决策的关键参数。水资源利用的边际收益是指在其他生产投入要素保持不变的情况下,在当前用水量基础上每增加一单位用水量所带来产值的增量。经济学原理表明,在技术水平不变的条件下,如果其他投入不变而某一投入要素不断增加,那么边际产量最终会递减,即边际收益递减规律。

水资源利用也满足上述递减规律,水资源利用边际收益递减是相对于其他生产要素不变时,随水资源用量的不断增加而出现的边际收益递减的规律。南水北调西线工程调水区经济相对落后、水资源相对丰富,供需水量基本平衡,水资源边际收益相对较低;而受水区为我国能源化工产业基地,水资源短缺,水资源边际收益相对较高。实施水系联通后,调水会提高泛流域系统的总收益,但在边际收益递减规律的作用下,随调水量增加泛流域系统效益增量 MP_w 将会减少。

在水资源供需矛盾突出的受水地区,调水的配置应在黄河初始水权配置的基础上突出收益原则,调水的水资源空间分配应遵循以下原则:每一单位水资源的边际收益在整个分水区始终最大,或水资源利用的边际收益在各用水区是相等的,从而使水资源总经济收益最大。水资源分配应首先分配到初始边际收益最大的地区,随着边际收益递减到第二个地区的初始边际收益水平时,第二个地区也应得到分水;当第一分水区或第二分水区的边际收益递减到第三个地区的初始水平时,第三个地区也应开始继第二区和第一区后得到分水,依次类推。若调入水量足够多,所有受水地区的缺水都会得到满足;但若调入水量有限,只有边际收益较大的地区才能得到分水,而边际收益较小的地区只能部分得到满足。

7.2.4.3　水资源开发的边际成本递增原理

经济学研究表明,当某一资源严重稀缺时,不断增加该资源的投入会引起边际成本的攀升,即边际成本呈半 U 形。在水资源匮乏的地区,增加水资源的开发利用量会引起边际成本的增加,即边际成本 MC_w 会增加。南水北调西线工程泛流域水资源系统中,当跨流域调水量达到一定规模后,继续增加调水量将引起调水工程投资增加、调水区的损失等成本剧增,即引起调水的边际成本 MC_w 递增。由此,要确定各调出区的调水量时,应以水资源利用边际净收益 NMP_w 为基础。

水资源开发利用成本包括水资源开发利用的边际环境成本 Ce、边际工程开发成本 Cd、边际利用成本 Cu 三部分。

边际收益递减和边际成本最终递增的双重作用,会引起净边际收益发生较大的变化。根据式(7-2)净收益最大化目标,求解拉格朗日极值函数可得出如下关系

$$NMP_w = MP_w - MC_w = 0 \tag{7-14}$$

式中: NMP_w 、 MP_w 、MC_w 分别为水资源开发利用的边际净收益、边际收益和边际成本。式(7-14)符合厂商收益最大化的条件,即边际成本等于边际收益。图 7-3 为调水净收益最大化的优化过程。

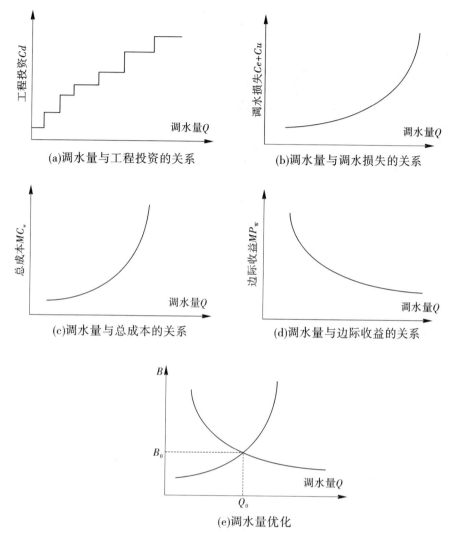

图 7-3　南水北调西线工程泛流域水资源调水净收益最大化的优化过程图

图 7-3(a)为调水工程的边际投资和调水量的关系,可以看出随调水量的增加工程的投资呈现阶梯增长趋势;图 7-3(b)为调水损失与调水量的关系,随调水量的增加调水损失呈递增趋势;图 7-3(c)为工程开发总成本和调水量的关系,随调水量的增加开发总成本呈递增趋势;而图 7-3(d)为边际收益递减曲线,图 7-3(e)实现了边际收益等于边际成本的净收益最大化。

7.2.5　模型优化求解方法

为了解决南水北调西线工程泛流域水资源优化配置这一超大系统问题,研究采用大系统分解技术及逐步优化方法和遗传算法联合求解,同时对径流的时空相关关系作适当简化来克服“维数灾”,具体求解流程见图 7-4。

模型在大系统分解协调求解方法中嵌套两层遗传算法分别求解泛流域层次优化和受水区层次的优化配置问题,采用 POA 逐步优化算法求解水库运用方式问题。

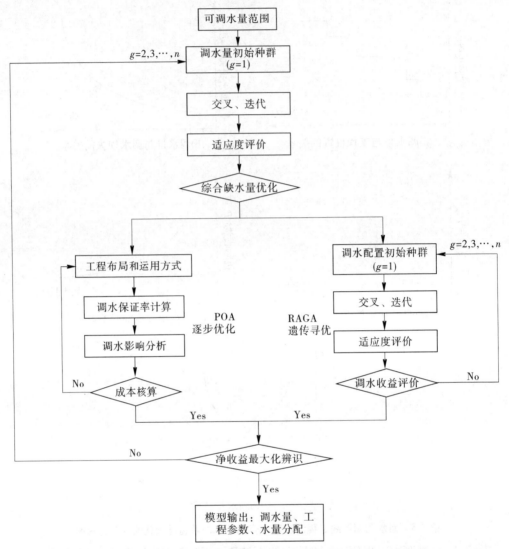

图 7-4　南水北调西线工程泛流域水资源配置模型求解流程

7.2.5.1　大系统分解协调

　　水资源具有多级谱系结构,使得分解协调技术成为解决其配置模型的有效途径之一。它的做法是先将复杂的大系统分解为若干个简单的子系统,以实现子系统局部最优化,再根据大系统的总任务和总目标,使各子系统相互协调配合,实现全局最优化。这种分解—协调—聚合方法与一般优化法相比,具有简化复杂性、减小工作量、避免维数灾的优点,可直接利用现有不同模型以求解子系统,并可用于静态系统及动态系统。这种方法的缺点是收敛性差,即使收敛,也需要较长的时间,另外对随机入流问题的处理有一定困难。

　　由跨流域调水联合形成的巨系统,通过分解与协调耦合,可分解为相互独立而又相互联系的子系统,各子系统之间通过数据传递实现耦合。泛流域水资源配置"分解—协调"算法采用三级结构,如图 7-5 所示。第一级是泛流域协调器,解决调水区子系统和受水区子系统的相互耦合,实现大系统的优化;第二级包括调水区子系统和受水区子系统,解决分区系统问题的优化;第三级为各子问题的优化。

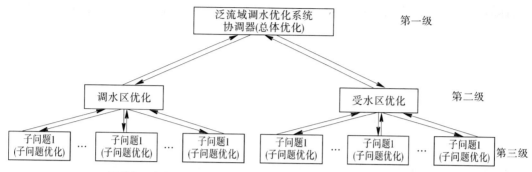

图 7-5　南水北调西线工程泛流域水资源配置大系统分解协调图

用"分解—协调"算法求解泛流域水资源配置问题时,首先将泛流域巨系统分解为调水区子系统和受水区子系统,巨系统优化问题分解成两个独立子系统优化问题;然后通过二级协调器把各子问题联在一起,并协调各子问题的最优解,使之满足关联约束;最后由总体优化协调器来协调调水区和受水区优化调水规模,一旦满足,则各子系统问题的最优解即为系统最优解。这里仅对子系统在时间和空间上进行分解,建立二级分解协调结构。

综合缺水量最少和净收益最大一起成为"是否调水"和"调水量"问题的主要决策依据。调水的负效益主要体现在生态环境方面,可以通过价值化、罚函数或约束条件在决策中进行考虑。调水量 Q 在不同地区、不同时间和不同用水部门之间进行优化分配的根据主要是由分水所要达到的目标决定的。

7.2.5.2　调水规模和调水分配的 RAGA 算法

遗传算法被认为是最适合于求解多目标优化问题的方法,通过交互式决策和模糊推理可获取决策者对于各属性目标的满意程度模糊表述,求解多目标决策的属性权重,构造决策者满意度综合函数。

多目标遗传算法可将水资源多目标优化配置问题当作生物进化问题模拟,以分给各区域、各部门的水量作为决策变量,对决策变量进行编码并组成可行解集,将决策者所获取的满意度的高低作为判断每一个体的优化程度的标准来进行优胜劣汰,从而产生新一代可行解集,如此反复迭代来完成水资源多目标优化求解,实现流域水资源的优化调配。

多目标遗传算法是在全局范围上逐步缩小范围的一种优化搜索方法,并在此基础上采用推理方法求解式(7-1)、式(7-2)和式(7-7)三个目标函数。遗传算法的基本操作就是种群中个体的一个逐步寻优的过程,通过遗传的代数来实现,下一代在上一代的基础上进行寻优。遗传算法中种群是由个体组成的,其中个体对应水资源系统中的一个基本的供水分配方案。水资源多目标优化决策的搜索目标是决策者的效用最大。种群规模是由其中的个体数目决定的,种群越大,即个体越多,表示预选调水方案越多。

根据水资源多目标优化配置的特点,研究采用的基于排序计算适应度的方法只取决于多目标的本身。所以,可以将种群中所有个体对不同目标函数的优劣进行排序,从而来计算总的适应度,这样遗传算法种群中的一个个体即为一个分水方案,每个方案都体现多个目标函数值。用 $Z(i)(i=1,2,\cdots,n)$ 表示目标函数，n 为目标个数。对于每一个目标 i ，所有个体都会依据对该目标的函数值优劣生成一个可行解的排序序列 $\vec{X_i}$ 。对每一个目标都排序后，可以得到个体对全部目标函数的总体表现。根据个体的排序计算其适应度

$$F_i(X_j) = \begin{cases} \left[N - Y_i(X_j) \right]^2, Y_i(X_j) > 1 \\ kN^2, Y_i(X_j) = 1 \end{cases} \quad (i=1,2,\cdots,n) \quad (7\text{-}15)$$

$$F(X_j) = \sum_{i=1}^{n} F_i(X_j) \quad (j=1,2,\cdots,n) \quad (7\text{-}16)$$

式中：n 为目标函数总数；N 为个体总数；X_j 为种群的第 j 个个体；Y_i 为其在种群所有个体中对目标 i 的优劣排序后所得的序号；$F_i(X_j)$ 表示 X_j 对目标 i 所得的适应度；$F(X_j)$ 为 X_j 对全部目标所得的综合适应度；k 为区间（1,2）内的常数，用于加大个体的函数值表现最优时的适应度。

由式（7-15）和式（7-16）可以看出，对于总体表现较优的个体能得到更大的适应度，获得更多的参与进化的机会，总体表现最优的个体就是多方案集中对于多目标函数总体最优的方案。

将多目标遗传算法引入到水资源优化配置中来，利用遗传算法的内在并行机制及其全局优化的特性，提出了基于多目标遗传算法的水资源优化配置方法，很好地解决了复杂水资源系统的优化配置问题。

应用决策属性指标体系，建立基于实码加速遗传算法（Real coding based Accelerating Genetic Algorithm，简称 RAGA）求解模糊柔性决策（Flexible Decision Making，简称 FDM）模型。具体步骤包括：第一步，建立目标模糊隶属度隶属函数；第二步，构建模糊推理规则，设置初权；第三步，基于 RAGA 求解优化目标函数，推理求解总目标满意度函数；第四步，优序排列推荐决策者满意方案。

传统的遗传算法，即标准遗传算法（SGA）的编码方式通常采用二进制，它所构成的个体基因型是一个二进制编码符号串。二进制编码的优点在于编码简单，交叉、变异等遗传易于实现；缺点在于由于遗传运算的随机特征而使其局部搜索能力较差，由于 SGA 的寻优效率明显依赖于优化变量初始变化区间的大小，初始区间越大，SGA 的有效性就越差，同时 SGA 还不能保证全局收敛性。为了克服二进制编码方法的这些缺陷，可采用实数编码，使个体编码长度等于其决策变量的个数。实数编码具有以下几个优点：①适合于在遗传算法中表示范围较大的数；②适合于精度要求较高的遗传算法；③便于较大空间的遗传搜索；④改善了遗传算法的计算复杂性，提高了运算效率；⑤便于遗传算法与经典优化方法的混合使用；⑥便于针对问题的专门知识的知识型遗传算子；⑦便于处理复杂的决策变量约束条件。求解标准遗传算法的具体步骤如下：

（1）求式（7-1）的最小值，泛流域优化模型如下

$$\text{Min} f = \sum_{i=1}^{n} \left\{ \omega_i \left[\frac{W_d^i - x(i)}{W_d^i} \right]^\alpha \right\} \quad (a(i) \leqslant x(i) \leqslant b(i)) \quad (7\text{-}17)$$

式中：$x(x_1,x_2,\cdots,x_n)$ 为泛流域水资源在调水区和受水区的水资源配置数量；$x(i)$ 为决

策的基本变量,即区域水资源分配量,满足模拟模型的约束条件; $b(i)$ 和 $a(i)$ 分别为决策阈值的上、下限。

将待优化的决策变量用实数编码表示,采用如下线性变换

$$x(i) = a(i) + y(i) \left[b(i) - a(i) \right] \qquad (i = 1, 2, \cdots, p) \qquad (7\text{-}18)$$

式中: $x(i)$ 为决策变量; p 为决策变量的个数。式(7-18)把初始决策变量区间 $\left[a(i), b(i) \right]$ 上的第 i 个待决策变量 $x(i)$ 对应到 $[0,1]$ 区间上的实数 $y(i)$, $y(i)$ 即为 RAGA 的遗传基因。

(2)求式(7-2)的最大值,泛流域优化模型如下

$$\text{Max } B = \lambda(j)x(j) \qquad (c(j) \leqslant x(j) \leqslant d(j)) \qquad (7\text{-}19)$$

将待优化的决策变量用实数编码表示,采用如下线性变换

$$x(j) = a(j) + y(j) \left[b(j) - a(j) \right] \qquad (j = 1, 2, \cdots, q) \qquad (7\text{-}20)$$

式中: $x(j)$ 为决策变量; q 为决策变量的个数。式(7-20)把初始决策变量区间 $\left[a(i), b(i) \right]$、$\left[c(j), d(j) \right]$ 上的第 j 个待决策变量 $x(j)$ 对应到 $[0,1]$ 区间上的实数 $y(j)$, $y(j)$ 即为 RAGA 中的遗传基因。经编码,所有决策变量的取值范围均变为 $[0,1]$ 区间,RAGA 直接对决策变量的基因进行遗传算法的过程操作,其操作步骤如下:

步骤1:父代群体的初始化。设父代群体规模为 n,由程序生成 n 组 $[0,1]$ 区间上的均匀随机数,每组有 p 个,即 $\left\{ f(j,i) \mid (j = 1, 2, \cdots, n) \right\}$,把各 $f(j,i)$ 作为初始群体的父代个体值 $y(j,i)$。把 $y(j,i)$ 代入式(7-20)得优化变量值 $x(j,i)$,再经式(7-19)得到相应的目标函数 $u(x)$,把 $\left\{ f(i) \mid i = 1, 2, \cdots, n \right\}$ 按从大到小排序,对应个体 $\left\{ y(j,i) \right\}$ 也跟着排序,式(7-19)目标函数值越大则该个体适应能力越强,称排序后最前面的 k 个个体为优秀个体,使其直接进入下一代。

步骤2:父代群体的适应度评价。评价函数用来对种群中的每个染色体 $y(j,i)$ 设定一个概率,以使该染色体被选择的可能性与其种群其他的染色体的适应性成比例。染色体的适应性越强,被选择的可能性越大。基于序的评价函数用 $\left[y(j,i) \right]$ 来表示是根据染色体的序进行再生分配,而不是根据其实际的目标值。设定参数 $\alpha \in (0,1)$ 已给定,定义基于序的评价函数为

$$\text{eval} \left[y(j,i) \right] = \alpha (1 - \alpha)^{i-1} \qquad (i = 1, 2, \cdots, n) \qquad (7\text{-}21)$$

式中: $i = 1$ 意味着染色体是最好的, $i = n$ 说明是最差的。

选择操作,产生第一个子代群体 $\left\{ y_1(j,i) \mid j = 1, 2, \cdots, p \right\}$。选择过程是以旋转赌轮 n 次为基础的,每次旋转都为新的种群选择一个染色体,赌轮按每个染色体的适应度来选择染色体。选择过程可以表述如下:

对每个染色体 $y(j,i)$ 计算累积概率 q_i $(i=0,1,2,\cdots,n)$，即

$$
\begin{cases}
q_0 = 0 \\
q_i = \sum_{j=1}^{i} \text{eval}\left[y(j,i)\right] \qquad (j=1,2,\cdots,p; i=1,2,\cdots,n)
\end{cases}
\tag{7-22}
$$

从区间 $[0,q_i]$ 中产生一个随机数 r，若 $q_{i-1} < r \leqslant q_i$ 则选择第 i 个染色体 $y(j,i)$。通过重复父代群体的初始化与父代群体的适应度评价过程共复制 n 个染色体,组成新一代个体。

步骤3:对父代的种群进行杂交操作。首先定义杂交参数 p_c 作为交叉操作的概率,这个概率说明种群中有期望值为 p_c 的 n 个染色体将进行交叉操作。为确定交叉操作的父代,从 $i=1,2,\cdots,n$ 重复以下过程:从 $[0,1]$ 中产生随机数 r,如果 $r < p_c$,则选择 $y(j,i)$ 作为一个父代,用 $y_1'(j,i),y_2'(j,i),\cdots,y_6'(j,i)$ 表示选择的父代,并把它们随机分成下面的配对

$$
\left[y_1'(j,i),y_2'(j,i)\right], \left[y_3'(j,i),y_4'(j,i)\right], \left[y_5'(j,i),y_6'(j,i)\right]
$$

当父代个体数为奇数时,可以去掉一个染色体,也可以再选择一个染色体,以保证两两配对。以 $\left[y_1'(j,i),y_2'(j,i)\right]$ 为例解释交叉操作过程,采用算术交叉法,即首先从 $[0,1]$ 中产生一个随机数 c,然后,按下列形式在 $y_1'(j,i)$ 和 $y_2'(j,i)$ 之间进行交叉操作,并产生如下的两个后代 X 和 Y。

$$
\begin{cases}
X = c \cdot y_1'(j,i) + (1-c) \cdot y_2'(j,i) \\
Y = (1-c) \cdot y_1'(j,i) + c \cdot y_2'(j,i)
\end{cases}
\tag{7-23}
$$

如果可行集是凸的,这种凸组合交叉运算在两个父代可行的情况下,能够保证两个后代也是可行的。但是,在许多情况下,可行集不一定是凸的,或很难验证其凸性,此时必须检验每一后代的可行性。如果两个后代都可行,则用它们代替其父代,产生新的随机数 c,重新进行交叉操作,直到得两个可行的后代。仅用可行的后代取代其父代。当新一代个体不可行时,也可采用一些修复策略使之变成可行染色体。

经过以上杂交操作得到第二代群体 $\left\{y_2(j,i) \mid j=1,2,\cdots,p; i=1,2,\cdots,n\right\}$。

步骤4:种群变异。确定一变异参数 p_m 作为遗传系统中的变异概率,由此在种群中将会有 $p_m n$ 个染色体用来进行变异操作,进行变异的父代选择过程与交叉操作相似,由 $i=1,2,\cdots,n$,重复下列过程:从区间 $[0,1]$ 中产生随机数 r,如果 $r < p_m$,则选择染色体 $y(j,i)$ 作为变异的父代,对每个选择的父代用 $y_3'(j,i)$ 表示,按下面的方法进行变异,在 R^n 中随机选择变异方向 d,则

$$
X = y_3'(j,i) + Md \qquad (j=1,2,\cdots,p)
\tag{7-24}
$$

式中: M 为足够大的数。

若式(7-24)是不可行的,那么置 M 为 $(0,M)$ 上的随机数,直到可行,这样能保证群体的多样性。如果在预先给定的迭代次数内没有找到可行解,则置 $M=0$。无论 M 为何值,总用 $X = y_3'(j,i) + Md$ 代替 $y_3'(j,i)$。

经过变异操作得到新一代种群 $\left\{ y_3(j,i) \mid j=1,2,\cdots,p;i=1,2,\cdots,n \right\}$。

步骤 5:演化迭代。由前面选择、杂交、变异得到的 $3n$ 个子代个体,按其适应度函数值从大到小进行排序,选取最前面的 $n-k$ 个子代个体作为新的父代个体种群。算法转入新父代种群适应度评价,进行下一轮演化过程,重新对父代个体进行评价、选择、杂交和变异,如此反复。

以上步骤构成了标准遗传算法(SGA)的主要求解过程。通过求解对比表明,SGA 中的选择算子、杂交算子操作的功能随迭代次数的增加而逐渐减弱,在应用中常会出现在远离全局最优点的地方 SGA 即停止寻优,即得到局部最优。将标准遗传算法转入重新构造实数编码,运行 SGA,进行基于实码的遗传算法加速,优秀个体的变化区间逐步缩小,与最优点的距离越来越近,直至最优个体的目标函数值小于某一设定值或算法运行达到预定加速次数,算法结束,此时把当前群体中最优秀个体作为 RAGA 的寻优结果。

7.2.5.3　调水工程运用方式优化的 POA 算法

由加拿大学者 H. R. Howson 和 N. G. F. Sancho 提出的 POA 算法适用于求解多阶段动态优化问题,属于 DP 算法,但 POA 不需要离散状态变量,且占用内存少,计算速度快,并可获得较精确解。以水库优化调度为例,先假设调度期为 n 个时段,其调度期初始时刻的水库水位、终止时刻的水库水位为定值,如图 7-6 所示,则两时段滑动寻优算法的步骤如下:

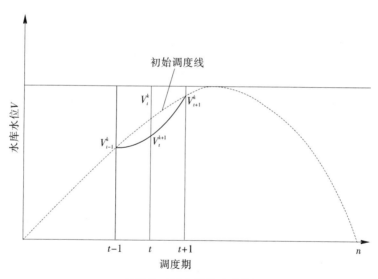

图 7-6　POA 算法示意图

(1)确定初始状态序列(初始调度线)。根据长系列径流资料,在水库水位允许变幅范围内拟定一条初始调度线 $V_t^k (t=1,2,\cdots,n-1,n;k=0,1,2,\cdots,m)$,$k$ 为逐次寻优次数。

(2)固定 V_{t-1}^k、V_{t+1}^k 调整 V_t^k(可用 0.618 法),使得工程成本 C_d 最小,得到新的 V_t^{k+1},用此代替 V_t^k,再固定两点,使 $t=1,2,\cdots,n-1,n$,完成一轮计算。

(3)用第(2)步求出的新轨迹代替初始轨迹,重复第(2)步,然后比较两轮轨迹,使其

满足 $|V_t^{k+2} - V_t^{k+1}| \leqslant \varepsilon(t=1,2,\cdots,n-1,n)$。若不满足,则用第 $k+2$ 次轨迹重复第(3)步;若满足则转到第(4)步。

(4)第 $k+2$ 或 $k+1$ 次轨迹为最优轨迹,输出相应各时段最优水位。

7.3　模型运行主要参数

在坝址可调水量一定的情况下,影响调水规模的主要因素包括水库调节方式、引水期、调水流量保证率以及建库后的蒸发渗漏损失等,其中水库调节方式、引水期、调水流量保证率三个因素相互联系、相互影响,因此可通过比较各工程技术和经济参数综合确定。

7.3.1　水库调节运用方式

水库调节方式可采用多年调节、年调节和无调节。

对于一定的调水量,采用多年调节方式,水库可以对径流进行年际间调节,蓄丰补枯,调水比较均匀,年际间调水量差别小,调水流量较小,输水隧洞规模和投资小,但多年调节需要水库的调节库容较大,造成大坝高度和投资的增加。

采用年调节方式,水库仅能对径流进行年内调节,调节库容较小,为保证多年平均调水量的要求,需要在丰水年尽可能多调水,枯水年少调水,年际间调水量差别较大,水库大坝规模小、投资少;但年调节方式调水流量不均匀,输水隧洞的规模由最大调水量年份确定,其他年份特别是枯水年份,调水量少,输水隧洞达到运用条件的概率很低,造成隧洞投资的浪费。

采用无调节方式,水库无调节能力,规模最小,调水流量完全由来水过程决定,年内及年际调水不均,为保证多年平均调水量要求,就必须在汛期和丰水年份多调水,输水隧洞的规模主要由汛期和丰水年份的最大调水流量决定,输水隧洞能够按条件运用的概率更低。

综上所述,在多年平均调水量、调水工程布置确定的基础上,水库调节方式是确定水库大坝规模和输水隧洞规模的关键,是影响整个调水工程规模的主要因素之一。

7.3.1.1　水库多年调节方式

水库调节计算原则为:优先保证下泄生态基流,当入库水量充足时按照输水隧洞的输水能力调水,多余水量存蓄于水库,进行跨年度水量调节,水库蓄满时弃水;当入库水量和库存水量不足时则减少调水量;由于各水库坝址下游经济社会用水量很少,且坝址下游区间汇流很快,能够充分满足其用水要求,因此水库不考虑对坝下河段生产生活的供水。

调节计算表明,调水流量对水库和隧洞工程规模影响很大,当调水流量大时,输水隧洞规模大,但需要的水库调节库容就小,水库规模就小;随着调水流量逐渐减小,需要的调节库容逐步增大,输水隧洞规模逐步减小,当调水流量减小到一定程度时,将会导致水库规模的迅速增加,而输水隧洞规模减小很少,或者不再减小。根据多方案的分析比较,初步拟定调水流量按 90% 保证率考虑,调水工程年引水期为 11 个月,其中每年 4 月不引水,安排工程检修。水库采用多年调节方式计算结果见表7-2。

表 7-2　水库不同调节方式径流调节计算结果

水库	坝址径流量（亿 m³）	调节库容（亿 m³）			正常蓄水位（m）			调水流量（m³/s）		
		多年调节	年调节	无调节	多年调节	年调节	无调节	多年调节	年调节	无调节
热巴	60.72	22.50	17.80	0	3 706.98	3 700.10	3 660.00	153.80	168.57	373.11
阿安	10.00	4.90	3.20	0	3 718.90	3 705.70	3 640.00	25.91	29.58	68.12
仁达	11.49	4.15	3.40	0	3 702.73	3 695.80	3 635.00	27.33	29.47	61.74
洛若	4.12	1.27	1.20	0	3 791.11	3 790.00	3 758.00	9.20	9.58	19.92
珠安达	14.45	4.59	4.20	0	3 634.23	3 631.10	3 575.00	36.32	38.16	80.75
霍那	11.08	3.98	3.20	0	3 632.46	3 625.10	3 570.00	27.43	29.40	64.94
克柯2	6.06	1.39	1.40	0	3 559.19	3 559.40	3 510.00	12.63	12.63	24.09
合计	117.92	42.78	34.40	0	——	——	——	292.62	317.39	692.67

7.3.1.2　水库年调节方式

为保证水库年调节和多年调节两种调节方式的可比性,水库年调节运用方式同多年调节方式一致,水库优先保证坝下生态环境用水,每年 6 月从死水位起调,至次年 5 月末回到死水位。水库采用年调节方式计算结果见表 7-2。

7.3.1.3　水库无调节方式

无调节方式采用低坝抬高水位,水库规模仅需要满足泥沙淤积、引水线路布置和引水隧洞进口埋深要求即可,可以大大降低坝高。水库不同调节方式径流调节计算结果见表 7-2。

从表 7-2 可以看出,对于无调节引水方式,调水流量远远大于年调节和多年调节方式,基本上是多年调节的 2 倍以上。各调节方式总调水流量分别为:多年调节方式292.62 m³/s、年调节方式 317.39 m³/s、无调节方式 692.67 m³/s。由于西线调水工程主要由长距离输水隧洞构成,隧洞投资占整个调水工程投资比例较大,显然采用无调节方式投资将远大于多年调节和年调节方式,是不经济的。

洛若和克柯 2 坝址调水量分别为 2.5 亿 m³、3.5 亿 m³,相对比较小。当采用多年调节方式时,洛若和克柯 2 的调水流量分别为 9.20 m³/s、12.63 m³/s;当采用无调节引水方式时,洛若和克柯 2 的调水流量分别为 19.92 m³/s、24.09 m³/s。无调节方式与多年调节方式相比,洛若和克柯 2 的调水流量分别增加了 10.72 m³/s、11.46 m³/s,占 7 座水库多年调节方式下总调水流量的 3.7%左右;无调节方式与多年调节方式相比,洛若和克柯 2 的坝高分别减少了 33.11 m、49.19 m,在适当增加调水流量、对输水隧洞规模影响不大的情况下,坝高可以大幅度降低,相应可以减少水库淹没损失,洛若和克柯 2 坝址采用无调节引水方式是可行的。在跨流域调水量一定的情况下,调水水库采用多年调节方式调水过程(系列中不同来水年份的调水量)相对平稳,而调水水库采用年调节方式调水过程变化相对较大。调水水库不同调节方式调水入黄过程见图 7-7。

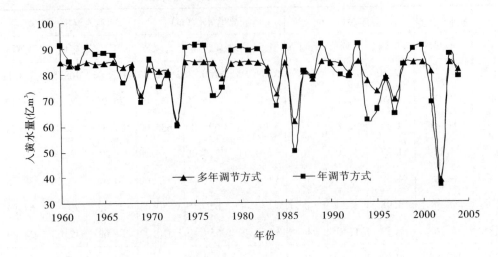

图7-7　水库多年调节方式与年调节方式调水入黄过程比较图

7.3.2　调水流量和保证率关系

调水流量保证率是指经过水库调节以后的引水流量达到输水隧洞调水流量的程度,反映了水库的调节能力和输水隧洞的利用效率。

南水北调西线一期工程由7座水源水库和多段输水隧洞组成,隧洞规模、水库规模相互影响、相互制约。在调水量一定的情况下,水库规模和调节库容大,对水量的调节程度就高,引水流量相应均匀,输水隧洞的利用率就高,隧洞洞径和规模也小;水库规模和调节库容小,对水量的调节程度就低,引水流量变化大,输水隧洞的利用效率低,隧洞洞径和隧洞规模自然就大。南水北调西线一期工程输水隧洞长,隧洞投资占工程总投资的比例大,适当增加大坝规模,减小调水流量,提高调水流量保证率,减小隧洞规模,对降低工程整体投资是有利的。但是,当调水流量保证率提高到一定程度时,因输水隧洞规模减小而减少的投资将小于大坝增高而增加的投资,此时再进一步提高调水的均匀程度,减小调水流量将是不经济的。

可见,选择合适的调水流量保证率将直接影响调水工程的规模和投资,是水源水库规模、输水隧洞规模相协调的过程,必须综合考虑水库和输水隧洞两者的规模,进行多方案的经济技术比较来确定。

7.3.2.1　调水流量保证率、调节库容和调水流量关系分析

为分析各水库调水流量保证率、调节库容和调水流量的对应关系,对热巴、阿安、仁达、洛若、珠安达、霍那、克柯2等7座水库,均拟定了调水流量保证率为50%、60%、75%、80%、90%、95%、99%的7个方案。各水库不同调水流量保证率方案调节计算结果见表7-3~表7-9,相应曲线关系见图7-8。

表7-3　热巴水库调水流量保证率方案

方案	调水流量保证率（%）	调水流量（m³/s）	多年平均调水量（亿 m³）	死水位（m）	正常蓄水位（m）	调节库容（亿 m³）
1	99	145.74	42.0	3 660	3 733.94	41.76
2	95	149.65	42.0	3 660	3 715.20	28.37
3	90	154.97	42.0	3 660	3 705.80	21.65
4	80	164.04	42.0	3 660	3 699.58	17.47
5	75	172.20	42.0	3 660	3 697.17	16.10
6	60	201.88	42.0	3 660	3 690.04	12.19
7	50	226.65	42.0	3 660	3 684.13	9.20

表7-4　阿安水库调水流量保证率方案

方案	调水流量保证率（%）	调水流量（m³/s）	多年平均调水量（亿 m³）	死水位（m）	正常蓄水位（m）	调节库容（亿 m³）
1	99	24.32	7.0	3 640	3 739.72	8.81
2	95	24.91	7.0	3 640	3 727.41	6.31
3	90	25.94	7.0	3 640	3 718.80	4.89
4	80	27.85	7.0	3 640	3 706.61	3.30
5	75	28.40	7.0	3 640	3 705.43	3.17
6	60	33.24	7.0	3 640	3 698.37	2.49
7	50	37.15	7.0	3 640	3 692.63	2.02

表7-5　仁达水库调水流量保证率方案

方案	调水流量保证率（%）	调水流量（m³/s）	多年平均调水量（亿 m³）	死水位（m）	正常蓄水位（m）	调节库容（亿 m³）
1	99	26.01	7.5	3 635	3 722.43	6.88
2	95	26.81	7.5	3 635	3 707.76	4.76
3	90	27.67	7.5	3 635	3 700.15	3.85
4	80	29.51	7.5	3 635	3 693.34	3.16
5	75	30.48	7.5	3 635	3 691.50	2.99
6	60	35.87	7.5	3 635	3 682.80	2.25
7	50	41.10	7.5	3 635	3 673.63	1.60

表 7-6　洛若水库调水流量保证率方案

方案	调水流量保证率 （%）	调水流量 （m³/s）	多年平均调水量 （亿 m³）	死水位 （m）	正常蓄水位 （m）	调节库容 （亿 m³）
1	99	8.68	2.50	3 758	3 804.76	2.35
2	95	8.92	2.50	3 758	3 795.29	1.53
3	90	9.20	2.50	3 758	3 791.11	1.27
4	80	9.79	2.50	3 758	3 788.47	1.10
5	75	10.31	2.50	3 758	3 787.17	1.02
6	60	12.14	2.50	3 758	3 783.55	0.79
7	50	13.98	2.50	3 758	3 780.05	0.57

表 7-7　珠安达水库调水流量保证率方案

方案	调水流量保证率 （%）	调水流量 （m³/s）	多年平均调水量 （亿 m³）	死水位 （m）	正常蓄水位 （m）	调节库容 （亿 m³）
1	99	34.77	10.0	3 575	3 661.98	8.78
2	95	35.60	10.0	3 575	3 638.62	5.16
3	90	36.63	10.0	3 575	3 632.88	4.42
4	80	39.02	10.0	3 575	3 628.36	3.88
5	75	41.34	10.0	3 575	3 625.66	3.57
6	60	48.22	10.0	3 575	3 617.16	2.69
7	50	54.62	10.0	3 575	3 609.00	1.96

表 7-8　霍那水库调水流量保证率方案

方案	调水流量保证率 （%）	调水流量 （m³/s）	多年平均调水量 （亿 m³）	死水位 （m）	正常蓄水位 （m）	调节库容 （亿 m³）
1	99	26.08	7.5	3 570	3 664.93	8.69
2	95	26.74	7.5	3 570	3 641.18	4.97
3	90	27.71	7.5	3 570	3 629.67	3.68
4	80	29.13	7.5	3 570	3 624.03	3.08
5	75	31.20	7.5	3 570	3 621.30	2.79
6	60	35.98	7.5	3 570	3 613.54	2.18
7	50	40.47	7.5	3 570	3 606.28	1.64

表 7-9　克柯 2 水库调水流量保证率方案

方案	调水流量保证率 （%）	调水流量 （m³/s）	多年平均调水量 （亿 m³）	死水位 （m）	正常蓄水位 （m）	调节库容 （亿 m³）
1	99	12.18	3.5	3 510	3 579.68	2.62
2	95	12.42	3.5	3 510	3 561.17	1.49
3	90	12.63	3.5	3 510	3 559.19	1.39
4	80	13.80	3.5	3 510	3 554.93	1.18
5	75	14.63	3.5	3 510	3 552.29	1.07
6	60	17.68	3.5	3 510	3 541.70	0.67
7	50	20.20	3.5	3 510	3 531.01	0.35

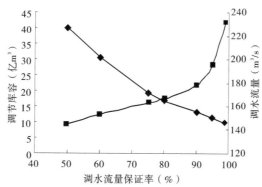

(a)热巴水库

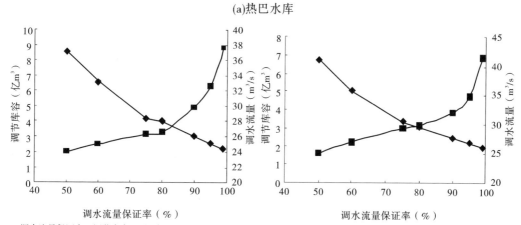

(b)阿安水库　　　　　　　　(c)仁达水库

图 7-8　调水流量保证率—调节库容—调水流量关系曲线

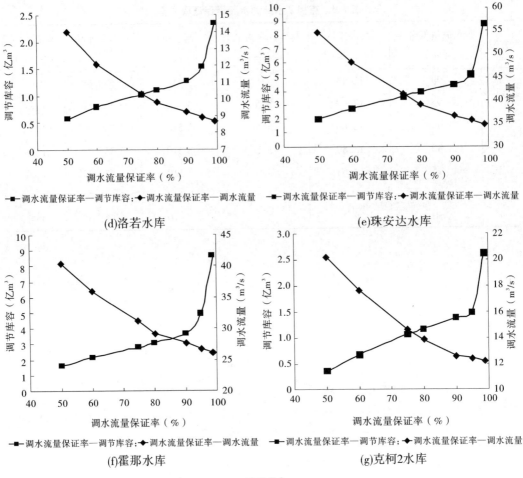

续图 7-8

从各坝址调水流量保证率—调节库容—调水流量关系曲线分析,调水流量随调水流量保证率的增加均匀减小,而调节库容随调水流量保证率的增加变化幅度较大。如图 7-8 所示,随着调水流量保证率的增加,调水流量逐渐减小,水库所需的调节库容逐步增加,当调水流量保证率增加到一定程度后,变化趋势变陡,水库所需调节库容急速增大,有一个明显的转折点;反之,当调水流量保证率逐步减小,调水流量逐渐增大,水库所需调节库容逐步减小,到一定程度后,减小趋势逐步变缓。

可见,在调水量和隧洞比降一定的情况下,调水流量保证率对水库调节库容的影响大于对隧洞调水流量的影响。适宜的调水流量保证率,应使水库调节库容、调水流量均不致过大,即水库规模和输水隧洞规模均较适宜,输水工程总体规模较小。这一适宜的调水流量保证率即曲线转折点相应的保证率。由于各水库库容特性、径流特性不同,关系曲线中的转折点有所区别,但是 7 座水库变化规律很相似,转折点均在 90% 左右。

7.3.2.2 调水流量保证率与水库、隧洞工程规模关系分析

西线一期工程由 7 座水库和多段输水隧洞组成,由于各水库在线路上的位置不同,水库的库容条件、径流特性存在差别,各水库调水流量的变化对整个工程的影响也不同,如

热巴水库距黄河最远,其调水流量的变化将影响整个输水隧洞的规模,而克柯 2 水库调水流量的变化将只影响克柯 2 以后的隧洞规模,水库越靠近黄河,其调水流量变化对隧洞规模的影响就越小。因此,必须对每个水库的调水流量进行分析,合理确定各水库的调水流量保证率。

当对某水库调水流量保证率方案进行分析比较时,除洛若采用无调节引水外,其他水库均假定调水流量保证率90%不变。各水库不同调水流量保证率方案下水库规模、输水隧洞规模及整个调水工程投资见表 7-10 ~ 表 7-16。

表 7-10　热巴水库不同调水流量保证率方案下水库规模、隧洞规模

方案		方案 1	方案 2	方案 3	方案 4	方案 5	方案 6	方案 7
调水流量保证率(%)		99	95	90	80	75	60	50
热巴水库坝高(m)		215	196	187	181	178	171	165
引水线路	线路长度(m)	洞径(m)						
1 雅砻江热巴—阿安段	69 224	9.42	9.51	9.64	9.85	10.03	10.64	11.12
2 阿安—仁达段	13 609	9.68	9.76	9.87	10.05	10.21	10.76	11.19
3 仁达—洛若段	25 275	9.26	9.33	9.42	9.57	9.70	10.16	10.52
4 洛若—珠安达段	47 817	9.59	9.66	9.74	9.89	10.01	10.45	10.80
5 珠安达—霍那段	43 281	10.16	10.22	10.30	10.43	10.55	10.95	11.27
6 霍那—克柯 2 段	52 528	10.56	10.61	10.69	10.81	10.92	11.30	11.61
7 克柯 2—黄河段	73 872	10.73	10.79	10.86	10.98	11.09	11.46	11.76
主线路总长度(km)	325.6							
静态总投资(亿元)		1 284.5	1 272.9	1 271.9	1 284.2	1 299.6	1 352.9	1 403.4

表 7-11　阿安水库不同调水流量保证率方案下水库规模、隧洞规模

方案		方案 1	方案 2	方案 3	方案 4	方案 5	方案 6	方案 7
调水流量保证率(%)		99	95	90	80	75	60	50
阿安水库坝高(m)		156	144	136	123	122	115	109
引水线路	线路长度(m)	洞径(m)						
1 雅砻江热巴—阿安段	69 224	9.61	9.61	9.61	9.61	9.61	9.61	9.61
2 阿安—仁达段	13 609	9.81	9.83	9.85	9.89	9.90	10.00	10.07
3 仁达—洛若段	25 275	9.37	9.38	9.40	9.43	9.44	9.52	9.58
4 洛若—珠安达段	47 817	9.70	9.71	9.73	9.76	9.77	9.84	9.90
5 珠安达—霍那段	43 281	10.26	10.27	10.28	10.31	10.32	10.39	10.45
6 霍那—克柯 2 段	52 528	10.65	10.66	10.67	10.70	10.71	10.77	10.82
7 克柯 2—黄河段	73 872	10.82	10.83	10.84	10.87	10.88	10.94	10.99
主线路总长度(km)	325.6							
静态总投资(亿元)		1 293.0	1 276.5	1 270.7	1 267.2	1 267.7	1 272.4	1 275.5

表7-12　仁达水库不同调水流量保证率方案下水库规模、隧洞规模

方案		方案1	方案2	方案3	方案4	方案5	方案6	方案7
调水流量保证率(%)		99	95	90	80	75	60	50
仁达水库坝高(m)		141	126	118	112	110	101	92
引水线路	线路长度(m)	洞径(m)						
1 雅砻江热巴—阿安段	69 224	9.61	9.61	9.61	9.61	9.61	9.61	9.61
2 阿安—仁达段	13 609	9.85	9.85	9.85	9.85	9.85	9.85	9.85
3 仁达—洛若段	25 275	9.37	9.39	9.40	9.43	9.45	9.54	9.63
4 洛若—珠安达段	47 817	9.70	9.72	9.73	9.76	9.78	9.86	9.94
5 珠安达—霍那段	43 281	10.26	10.28	10.29	10.31	10.33	10.41	10.48
6 霍那—克柯2段	52 528	10.65	10.66	10.68	10.70	10.72	10.79	10.86
7 克柯2—黄河段	73 872	10.83	10.84	10.85	10.87	10.89	10.96	11.03
主线路总长度(km)	325.6							
静态总投资(亿元)		1 300.9	1 275.4	1 269.3	1 266.9	1 267.8	1 271.7	1 274.6

表7-13　洛若水库不同调水流量保证率方案下水库规模、隧洞规模

方案		方案1	方案2	方案3	方案4	方案5	方案6	方案7
调水流量保证率(%)		99	95	90	80	75	60	50
洛若水库坝高(m)		77	67	63	60	59	55	52
引水线路	线路长度(m)	洞径(m)						
1 雅砻江热巴—阿安段	69 224	9.61	9.61	9.61	9.61	9.61	9.61	9.61
2 阿安—仁达段	13 609	9.85	9.85	9.85	9.85	9.85	9.85	9.85
3 仁达—洛若段	25 275	9.40	9.40	9.40	9.40	9.40	9.40	9.40
4 洛若—珠安达段	47 817	9.54	9.55	9.55	9.56	9.57	9.60	9.63
5 珠安达—霍那段	43 281	10.12	10.12	10.12	10.13	10.14	10.17	10.20
6 霍那—克柯2段	52 528	10.52	10.52	10.52	10.53	10.54	10.56	10.59
7 克柯2—黄河段	73 872	10.69	10.69	10.70	10.71	10.71	10.74	10.76
主线路总长度(km)	325.6							
静态总投资(亿元)		1 270.8	1 270.1	1 267.7	1 267.8	1 268.0	1 269.3	1 270.6

表 7-14　珠安达水库不同调水流量保证率方案下水库规模、隧洞规模

方案		方案 1	方案 2	方案 3	方案 4	方案 5	方案 6	方案 7
调水流量保证率(%)		99	95	90	80	75	60	50
珠安达水库坝高(m)		136	112	107	102	99	91	83
引水线路	线路长度(m)	洞径(m)						
1 雅砻江热巴—阿安段	69 224	9.61	9.61	9.61	9.61	9.61	9.61	9.61
2 阿安—仁达段	13 609	9.85	9.85	9.85	9.85	9.85	9.85	9.85
3 仁达—洛若段	25 275	9.40	9.40	9.40	9.40	9.40	9.40	9.40
4 洛若—珠安达段	47 817	9.73	9.73	9.73	9.73	9.73	9.73	9.73
5 珠安达—霍那段	43 281	10.26	10.27	10.29	10.32	10.36	10.45	10.55
6 霍那—克柯 2 段	52 528	10.65	10.66	10.68	10.71	10.74	10.83	10.92
7 克柯 2—黄河段	73 872	10.82	10.83	10.85	10.88	10.91	11.00	11.08
主线路总长度(km)	325.6							
静态总投资(亿元)		1 306.9	1 275.4	1 270.4	1 269.7	1 270.6	1 272.0	1 273.3

表 7-15　霍那水库不同调水流量保证率方案下水库规模、隧洞规模

方案		方案 1	方案 2	方案 3	方案 4	方案 5	方案 6	方案 7
调水流量保证率(%)		99	95	90	80	75	60	50
霍那水库坝高(m)		140	117	105	100	97	89	82
引水线路	线路长度(m)	洞径(m)						
1 雅砻江热巴—阿安段	69 224	9.61	9.61	9.61	9.61	9.61	9.61	9.61
2 阿安—仁达段	13 609	9.85	9.85	9.85	9.85	9.85	9.85	9.85
3 仁达—洛若段	25 275	9.40	9.40	9.40	9.40	9.40	9.40	9.40
4 洛若—珠安达段	47 817	9.73	9.73	9.73	9.73	9.73	9.73	9.73
5 珠安达—霍那段	43 281	10.28	10.28	10.28	10.28	10.28	10.28	10.28
6 霍那—克柯 2 段	52 528	10.65	10.66	10.68	10.70	10.72	10.79	10.85
7 克柯 2—黄河段	73 872	10.83	10.83	10.85	10.87	10.89	10.96	11.02
主线路总长度(km)	325.6							
静态总投资(亿元)		1 295.8	1 278.7	1 271.2	1 269.8	1 269.5	1 269.8	1 270.0

表 7-16　克柯 2 水库不同调水流量保证率方案下水库规模、隧洞规模

方案		方案1	方案2	方案3	方案4	方案5	方案6	方案7
调水流量保证率(%)		99	95	90	80	75	60	50
克柯 2 水库坝高(m)		121	103	101	97	94	83	73
引水线路	线路长度(m)	洞径(m)						
1　雅砻江热巴—阿安段	69 224	9.61	9.61	9.61	9.61	9.61	9.61	9.61
2　阿安—仁达段	13 609	9.85	9.85	9.85	9.85	9.85	9.85	9.85
3　仁达—洛若段	25 275	9.40	9.40	9.40	9.40	9.40	9.40	9.40
4　洛若—珠安达段	47 817	9.73	9.73	9.73	9.73	9.73	9.73	9.73
5　珠安达—霍那段	43 281	10.28	10.28	10.28	10.28	10.28	10.28	10.28
6　霍那—克柯 2 段	52 528	10.67	10.67	10.67	10.67	10.67	10.67	10.67
7　克柯 2—黄河段	73 872	10.84	10.84	10.84	10.86	10.87	10.91	10.94
主线路总长度(km)	325.6							
静态总投资(亿元)		1 272.0	1 269.6	1 269.3	1 268.5	1 268.4	1 267.9	1 267.0

(1)从各水库规模来看,随着调水流量保证率的降低,水库需要的调节库容逐步减小,正常蓄水位逐步降低,水库规模显著减小。对于热巴、阿安、仁达、珠安达、霍那等 5 座水库,从 99% 保证率降低到 50% 保证率,水库正常蓄水位降低 47～58 m,对于减少库区淹没有利,但没有本质上的差别。如热巴水库可以减少 2 座寺院的淹没,但木麦寺、满金寺和麻根寺仍将被淹没。大坝高度从 215 m 降低到 165 m,对减小施工难度、缩短工期有利。

(2)从输水主隧洞洞径变化情况来看,随着调水流量保证率的提高,主隧洞最大洞径逐步减小,但主隧洞最大洞径均在 10.7 m 以上,11.80 m 以下。热巴水库提高调水流量保证率对减小主隧洞最大洞径作用最明显,从保证率 50% 升高到 99%,主隧洞最大洞径减小约 1.70 m,其他水库减小幅度较小,均在 0.3 m 以下。由于各水库在线路上的位置不同,调水量不同,对整个工程隧洞规模和工程量影响也不同,总体来说,越靠近上游对工程量影响越大。如热巴水库,调水流量保证率从 50% 升高到 99%,可以减少主隧洞洞挖工程量约 863 万 m^3,阿安、仁达、珠安达水库的减少量在 95 万～105 万 m^3,洛若为 31 万 m^3,霍那为 65 万 m^3,克柯 2 距离黄河最近,其主隧洞洞挖工程量仅减少 15 万 m^3。

(3)从各水库对整个工程投资的影响来看,热巴水库随着调水流量保证率的升高,整个调水工程投资逐步减小,以 90% 调水流量保证率方案投资最小,比 50% 方案减少 131.5 亿元。阿安、仁达、珠安达水库当调水流量保证率在 80% 以下时,随水库调水流量保证率的升高工程投资基本呈减小趋势;从 80% 升高到 99%,随着调水流量保证率的升高,工程投资基本呈增加的趋势,因此这几座水库调水流量保证率应该在 80%～90%。霍那水库调

水流量保证率在50%至90%之间投资变化不大,最大与最小仅相差1.7亿元。洛若水库保证率在90%时投资最小。对克柯2水库来说,由于受水库建设条件所限,采用多年调节时,水库规模增加很大,投资增加迅速,而由于水库距黄河最近,隧洞规模减小对整个工程投资影响甚微,所以单从调水工程规模和投资来看,克柯2有调节调水并不有利,而以无调节方案工程投资最小。但克柯2水库下游至阿坝县城区间为广阔的草场,考虑到克柯2水库下游阿坝县未来的经济发展和枯水、特枯水年份水库的应急供水作用,本阶段推荐克柯2水库采用多年调节,调水流量保证率暂按90%考虑。各水库调水流量保证率与投资关系曲线见图7-9。

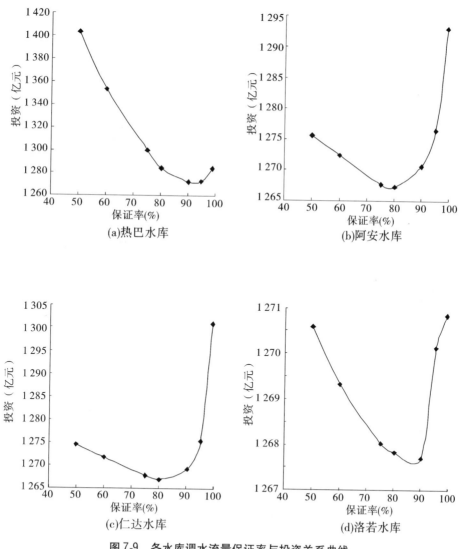

图7-9　各水库调水流量保证率与投资关系曲线

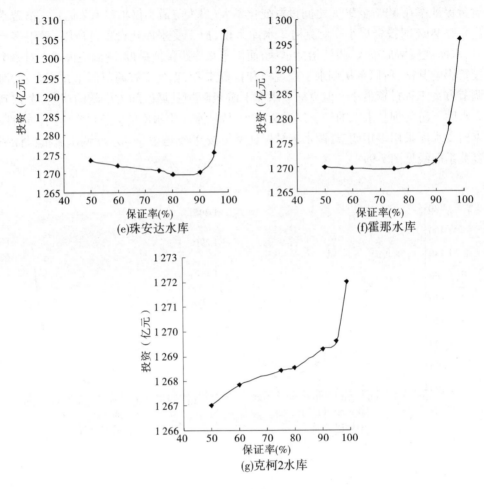

续图 7-9

综上所述,从调水流量保证率、调节库容和调水流量关系分析,7 座引水水库适宜的调水流量保证率在 90% 左右;从调水流量保证率与水库、隧洞工程规模关系分析,热巴水库调水流量保证率以 90% 为最优,阿安、仁达、珠安达、霍那 4 座水库为 80% ~ 90%,在投资相差不大的情况下,为提高调水保证程度,本阶段推荐按 90% 考虑。

对于洛若水库,无调节与有调节调水影响引水岔口以下全部主隧洞规模,长度约217.5 km,占整个主隧洞长度的 66.8%。从上述分析来看,其最优调水流量保证率为90%,90% 保证率方案比 50% 保证率方案减少投资约 2.9 亿元。洛若坝址位于洛若乡色曲干流,坝址高程高,河道宽阔,修建高坝库区面积较大,本阶段推荐采用无调节引水。

克柯 2 水库以无调节引水最优,但考虑到水库下游 38 km 处阿坝县城未来的经济发展和遇枯水、特枯水年水库的供水作用,本阶段推荐克柯 2 水库采用多年调节,调水流量保证率暂按 90% 考虑。

综合上述,本阶段热巴、阿安、仁达、珠安达、霍那、克柯 2 等 6 座水库调水流量保证率均采用 90%,洛若水库采用无调节引水。

7.3.3　调水量与调水区影响分析

7.3.3.1　对经济社会的影响

从水资源利用的特征分析,河道外用水取决于河道内的水资源总量、水资源时空分布、工程建设、水质状况等因素。由于流域内生产、生活、生态用水在时间分布上不均匀,从而造成年内用水的不均匀。雅砻江、大渡河上游调水后,势必会减少河道内的水资源量,水量的减少必然对调水区水资源利用产生影响。调水量对经济社会的影响主要包括对水资源开发利用、发电、航运等方面的影响。

调水河流多年平均分河段区间水量平衡表明,2030 水平年,雅砻江流域总需水量占多年平均径流量的比例为 5.1%,除下游洼里—河口段需水量占区间径流量的比例为 10.7% 外,其余河段均在 0.8% ~2.9%;对于 90% 枯水年,洼里—河口段需水量占区间径流量的比例为 15% 左右,其余河段均在 0.8% ~5.4%。大渡河流域总需水量占多年平均径流量的比例为 2.5%,除下游铜街子—河口段需水量占区间径流量的 32.2% 外,其余各河段比例均在 0.5% ~2.7%;对于 90% 枯水年,铜街子—河口段需水量占区间径流量的 37% 左右,其余各河段比例在 0.9% ~2.8%。

由此可见,雅砻江、大渡河流域水资源丰富,开发利用程度较低,考虑未来用水增长后,即使在枯水年,各河段需水量占区间径流量的比例也很小。这说明一方面流域经济社会发展需水对引水坝址径流的影响很小,引水坝址水量稳定;另一方面坝址下游各河段仅区间径流即可满足经济社会发展用水需求,调水不会对下游河段河道外用水产生大的影响。

2030 水平年,各调水河流坝下临近河段用水需求很小,需水量仅占河段汇入径流量的 0.7% ~2.6%,仅区间径流即可满足用水要求。相对于坝下丰沛的水量而言,由于坝下临近河段用水有限,所以调水基本不会对其需水量产生影响。

7.3.3.2　对河道内生态用水的影响分析

根据调水后河道径流的变化分析,距坝址较近的东谷、泥柯、壤塘、班玛、安斗等站年内流量变幅较大,丰水期和枯水期的流量变化幅度在 51.6% ~71.4%、48.5% ~56.8%;再向下游的朱倭、朱巴、甘孜、道孚、绰斯甲、足木足等站丰水期和枯水期的流量变化幅度在 16.5% ~58.9%、11.2% ~39.7%;至雅砻江、大渡河干流的雅江、小得石、大金和福禄镇等站时,丰水期和枯水期的流量变化幅度减少为 3.6% ~29.7%、2.7% ~21.8%。调水后坝下临近河段径流变化较大。

通过坝下临近河段调水前后径流的变化分析,按 Tennant 法定义的生态流量的标准,各坝址调水后非汛期生态环境为一般至良好,汛期生态环境为良好以上;同时,各引水坝址调水后坝下临近河段各断面汛期流量恢复较快,除杜柯河约为 100 km 外,其他调水河流非汛期在距离坝址 8.5 ~32 km 处流量即可达到调水前多年平均流量的 20%,汛期在距离坝址 20 ~53 km 处流量即可达到调水前多年平均流量的 40% 以上,按 Tennant 法计算,可达到良好的流量范围。

按照要求的生态环境流量下泄,调水后多数河流在距离坝址 53 km 范围内历年汛期、非汛期水量即可恢复到良好的生态流量标准,调水后河道流量能够满足稳定生态环境的需要。对河道内生态环境用水的影响主要在各坝址下游 50 km 左右范围内。

7.3.3.3 对调水河流水力发电的影响

南水北调西线一期工程从雅砻江、大渡河调水,对长江干支流的影响主要涉及雅砻江、大渡河干支流引水点以下河段,大渡河与岷江汇合口以下的岷江河段,金沙江攀枝花以下干流河段及长江干流河段。调水影响长江流域规划梯级水电站58座[1],装机容量122 615 MW,其中雅砻江规划梯级水电站21座,装机容量28 560 MW;大渡河规划梯级水电站25座,装机容量24 560 MW;岷江规划梯级水电站3座,装机容量1 350 MW;金沙江规划梯级水电站4座,装机容量38 000 MW;长江干流规划梯级水电站5座,装机容量30 145 MW。各规划梯级的指标详见表7-17。

表7-17 西线一期工程调水影响范围内梯级水电站技术经济指标

河段	电站名称	流域面积（km²）	平均流量（m³/s）	正常蓄水位（m）	死水位（m）	总库容（亿 m³）	有效库容（亿 m³）	装机容量（MW）
雅砻江	温波寺	1.50	155	3 944			12.70	150
	仁青里	2.10	216	3 747			26.00	300
	热巴	2.17	223	3 617			5.00	250
	阿达	2.40	246	3 527			3.60	250
	格尼	2.69	270	3 437				200
	通哈	2.91	302	3 317				200
	英达	3.14	330	3 262				500
	新龙	3.25	343	3 142			5.80	500
	共科	3.34	353	3 022				400
	龚坝沟	3.60	385	2 937				500
	两河口	6.56	657	2 880	2 800	120.31	74.92	3 000
	牙根	6.86	765	2 602		7.30	5.00	1 500
	愣古	7.13	856	2 470		8.50	6.00	2 300
	大空	7.40	882	2 274				1 700
	杨房沟	7.73	912	2 135		20.00	13.50	2 200
	卡拉乡	8.01	929	1 960				1 060
	锦屏一级	10.256	1 200	1 880	1 800	77.60	49.10	3 600
	锦屏二级	10.267	1 220	1 646	1 641	0.152	0.042 3	4 400
	官地	11.012	1 370	1 330	1 321	7.54	1.28	1 800
	二滩	11.64	1 650	1 200	1 155	57.90	33.70	3 300
	桐子林	12.76	1 890	1 015	1 012	0.72	0.14	450

[1] 根据《长江流域综合利用规划要点报告》、《四川省中长期水电发展战略规划报告》、《四川省大渡河干流水电规划调整报告》、《金沙江干流综合规划报告》及《中华人民共和国水力资源复查成果》。

续表 7-17

河段	电站名称	流域面积 （km²）	平均流量 （m³/s）	正常蓄水位 （m）	死水位 （m）	总库容 （亿 m³）	有效库容 （亿 m³）	装机容量 （MW）
大渡河	下尔呷	1.55	186	3 120	3 060	28.00	19.30	540
	巴拉	1.58	190	2 920	2 915			560
	达维	1.66	199	2 730	2 725			360
	卜寺沟	1.73	208	2 606	2 601			320
	双江口	3.93	512	2 500	2 420	27.14	19.10	1 800
	金川	4.00	521	2 260	2 255	6.09	3.10	880
	巴底	4.24	564	2 135	2 100	11.66	6.90	1 100
	丹巴	4.55	623	1 995	1 990	6.84	0.70	1 300
	猴子岩	5.42	788	1 852	1 812	10.64	5.50	1 600
	长河坝	5.59	821	1 690	1 650	9.85	4.00	2 200
	黄金坪	5.62	827	1 475	1 470	1.54	0.30	600
	泸定	5.89	881	1 374	1 369	3.30	0.40	800
	硬梁包	5.93	887	1 250	1 245			1 400
	大岗山	6.27	1 010	1 130	1 125	7.75	0.60	2 300
	龙头石	6.30	1 020	955	950	1.15	0.24	640
	老鹰岩	6.48	1 080	905	900	1.43	0.43	640
	瀑布沟	6.85	1 200	850	790	50.63	38.80	3 300
	深溪沟	7.29	1 340	655	650			640
	枕头坝	7.31	1 350	618	613			460
	沙坪	7.50	1 430	575	570			860
	龚嘴	7.61	1 470	528	520	3.10	0.96	700
	铜街子	7.64	1 470	474	469	2.02	0.55	600
	沙湾	7.64	1 500	433				400
	法华寺	7.64	1 500	400				240
	安谷	7.64	1 500	377				320
岷江	沙嘴	12.20	2 620	340		1.20	0.44	250
	龙溪口	12.80	2 809	320		4.60	1.40	360
	偏窗子	13.30	2 830	297		9.20	3.20	740
金沙江 下段	乌东德	40.61	3 820	950	930	43.30	16.30	7 400
	白鹤滩	43.03	4 060	820	750	179.24	112.70	12 000
	溪落渡	45.44	4 570	600	540	115.70	64.60	12 600
	向家坝	45.88	4 620	380	370	49.77	9.03	6 000
长江 干流	石棚	64.60	8 100	265		30.80		2 130
	朱杨溪	69.50	8 640	230		28.00		1 900
	小南海	70.40	8 700	195	192	22.20		1 000
	三峡	100.00	14 300	175	155	393.00	165.00	22 400
	葛洲坝	100.00	14 300	66	63	7.41	0.84	2 715

7.3.3.4　对水环境质量的影响

大渡河调水后,对坝下近距离河段——玛柯河、杜柯河和远距离河段——足木足河、绰斯甲河、大渡河等河流水质的影响很小。在各预测水平年,即使不考虑县城治污,调水也不会使其水质类别发生变化,水体仍能维持Ⅰ~Ⅱ类水标准,满足河段水质规划目标。

但是,由于阿柯河流量较小,环境容量低,阿坝县城排污对河流水质影响很大。在不调水也不考虑治污的最枯月份,阿坝县城以下河段的水质将在2020年和2030年出现超标(Ⅳ类),而调水将会使水质进一步恶化,2030年,阿坝县城下游部分河段水质将由Ⅳ类变为Ⅴ类水体。如果阿坝县城实施治污,则将显著改善河流水质,不管调水与否,阿柯河全河段水质均能满足Ⅱ类水质要求。

在预测水平年内,南水北调西线一期工程调水对雅砻江调水河流泥曲、达曲、雅砻江干流及其下游的鲜水河和雅砻江中游的水环境质量均不会造成明显影响。在未来各水平年,即使不考虑县城治污,调水也不会使河流水质类别发生变化,水体依然能维持Ⅱ类水,满足功能区划要求。

在未来的各预测水平年,草原作为入库水体的面污染源将会长期稳定,不会发生大的变化,因此在预测中,重点考虑城镇发展所带来的点污染源强度变化。引水坝址上游乡镇地处偏远地区,人口稀少,基本上不存在建设污水处理厂的可能性,预测中均不考虑治污规划。

综上所述,通过对 BOD$_5$、COD、NH$_3$-N 等指标的预测计算,结果表明:南水北调西线一期工程各引水库区的水质,在未来各预测水平年,仍能维持Ⅱ类水标准。

7.3.4　受水区水资源利用效益分析

根据2005年黄河流域经济信息和用水统计数据,可建立流域40个部门的国内生产总值与资金、劳动力和水资源的双对数多元线性关系式,采用多元回归方法拟合求解式(7-12),模型参数和拟合精度见表7-18。

表7-18　黄河流域国民经济40个部门模型参数和拟合精度

参数	值	标准差	T检验值	频率	95%下限	95%上限
$A(t)$	2.748 8	0.585 8	4.692 5	3.830 28×10^{-5}	1.560 8	3.936 8
α	0.599 6	0.045 3	12.565 9	9.994 78×10^{-15}	0.477 7	0.661 6
β	0.263 4	0.045 3	5.373 7	4.777 06×10^{-6}	0.151 5	0.335 3
τ	0.158 3	0.028 1	4.943 0	1.788 18×10^{-5}	0.081 8	0.195 6

通过模型拟合,得出 R^2 为0.947 46,F 值为235.433,模型参数的估计通过 T 检验和 F 检验,拟合精度良好。黄河流域国民经济用水的增加值弹性系数为0.138 7。由此可得,黄河流域考虑水资源利用效益评价模型为

$$Y = 15.624 L^{0.599} K^{0.263} W^{0.158}$$

根据规划期2030年黄河流域国民经济及需水量预测成果,本研究以地区为单元分析用水的边际收益,见表7-19。

表 7-19　黄河流域国民经济水资源边际收益分析

地市	增加值（亿元）			需水量（亿 m³）		单方水产出（元/m³）		用水边际效益（元/m³）	
	农业	非农产业	GDP	农业	非农产业	农业	非农产业	农业	非农产业
海北州	5.35	54.80	60.15	0.74	0.08	7	685	1.12	160.98
海东地区	40.00	391.66	431.66	7.84	0.99	5	396	0.81	94.55
西宁市	32.16	1 364.51	1 396.67	6.26	4.83	5	283	0.84	71.76
兰州市	51.50	5 095.75	5 147.25	5.22	12.22	10	417	1.73	127.19
天水市	47.32	908.25	955.57	2.53	1.57	19	579	3.09	130.16
甘南州	16.46	76.21	92.67	1.17	0.12	14	635	2.34	137.18
定西地区	66.02	323.32	389.34	3.68	0.69	18	469	3.07	103.56
白银市	42.60	905.84	948.44	7.90	2.21	5	410	1.00	88.12
庆阳地区	54.77	606.91	661.68	2.62	1.40	21	434	3.39	100.57
固原市	30.52	212.81	243.33	4.13	0.30	7	709	1.13	144.00
吴忠市	106.79	1 224.60	1 331.39	35.54	5.66	3	216	0.43	50.20
银川市	52.26	1 453.47	1 505.73	19.73	2.22	3	655	0.40	164.33
石嘴山市	32.59	565.98	598.57	8.90	1.50	4	377	0.56	93.58
乌海市	7.99	684.58	692.57	0.76	1.58	11	433	1.87	117.85
鄂尔多斯市	129.54	2 410.86	2 540.40	16.00	4.43	8	544	1.45	163.81
包头市	93.60	3 314.46	3 408.06	7.90	5.60	12	592	2.19	172.23
阿拉善盟	2.95	15.27	18.22	4.52	0.01	1	1 527	0.10	352.74
呼和浩特市	82.20	2 509.64	2 591.84	12.97	3.44	6	730	1.17	207.92
临汾市	79.27	1 852.01	1 931.28	8.65	3.31	9	560	1.79	142.68
太原市	55.03	4 313.18	4 368.21	3.19	4.48	17	963	3.19	255.13
榆林市	51.68	1 631.16	1 682.84	10.28	5.31	5	307	0.88	90.62
杨凌市	5.22	32.03	37.25	0.18	0.05	29	641	5.66	163.35
咸阳市	195.32	1 654.95	1 850.27	9.76	3.43	20	482	3.78	129.79
西安市	156.82	8 893.52	9 050.34	7.92	10.65	20	835	3.66	226.30
铜川市	15.78	435.85	451.63	0.92	0.86	17	507	2.66	122.14
渭南市	156.19	1 337.89	1 494.08	15.91	3.41	10	392	1.49	96.12

7.4　模型优化结果

7.4.1　模型求解

根据调水河流最大可能调水量为 102.05 亿 m³,因此调水规模有效范围为 0~102.05 亿 m³,模型 M0 中遗传算法模块,随即生成调水量的第一代种群,按照杂交、变异、演化迭代,求解式(7-1),调水总量满足最大可调水量、各调水坝址调水量满足可调水量约束

$$
\begin{cases}
0 \leqslant \displaystyle\sum_{n=1}^{7}\sum_{m=1}^{12} Q(m,n) \leqslant 102.05 \\[2mm]
0 \leqslant \displaystyle\sum_{m=1}^{12} Q(m,1) \leqslant 52.7 \\[2mm]
0 \leqslant \displaystyle\sum_{m=1}^{12} Q(m,2) \leqslant 7.97 \\[2mm]
0 \leqslant \displaystyle\sum_{m=1}^{12} Q(m,3) \leqslant 9.43 \\[2mm]
0 \leqslant \displaystyle\sum_{m=1}^{12} Q(m,4) \leqslant 3.23 \\[2mm]
0 \leqslant \displaystyle\sum_{m=1}^{12} Q(m,5) \leqslant 12.42 \\[2mm]
0 \leqslant \displaystyle\sum_{m=1}^{12} Q(m,6) \leqslant 11.13 \\[2mm]
0 \leqslant \displaystyle\sum_{m=1}^{12} Q(m,7) \leqslant 5.17
\end{cases}
\tag{7-25}
$$

模型系统根据生成的第一代种群启动大系统的分解协调,模型系统设置两个并行的模型 M1、M2 分别计算各调水区的调水量优化和受水区的配水量优化,M1 按照逐步优化方法根据长系列径流资料,在水库水位允许变幅范围内拟定一条初始调度线 $V_t^k(t=1, 2,\cdots,n-1,n)$,固定 V_{t-1}^k、V_{t+1}^k 调整 V_t^k(可用 0.618 法),使得工程成本 C_d 最小,即求解式(7-6);M2 为区间优化启动 RAGA 模块,进行调水量及其分配的空间优化,各受水地区配水量满足模型规则约束

$$
\begin{cases}
0 \leqslant \displaystyle\sum_{i=1}^{2}\sum_{j=1}^{J}\sum_{k=1}^{K} Q(i,j,k) \leqslant QS(i,j,k) \\[2mm]
0 \leqslant Q(i,j,k) \leqslant QS(i,j,k) \\[2mm]
W_d(i,j,k)/W_s(i,j,k) < 1.2 \\[2mm]
W_d(1,j,k) < W_d(2,j,k)
\end{cases}
\tag{7-26}
$$

M3 为空间经济分析和优化,模型求解按照式(7-2)~式(7-4)同时满足式(7-5)条件

约束,模型优化满足调水边际成本等于边际收益,实现式(7-2)的最大化,即

$$MP_w - MC_w = 0$$

经过模型系统分解协调以及双嵌套遗传算法 RAGA 和逐步优化求解,优化的调水规模为 82.31 亿 m³。

7.4.2 适宜调水规模

7.4.2.1 调水规模优化结果

根据模型优化求解结果,南水北调西线一期工程适宜调水规模为 82.31 亿 m³,其中热巴 43.11 亿 m³、阿安 7.50 亿 m³、仁达 8.00 亿 m³、洛若 2.50 亿 m³、珠安达 10.20 亿 m³、霍那 7.50 亿 m³、克柯 2 为 3.50 亿 m³。调水线路总长度 325.6 km,总调水流量 303.34 m³/s,隧洞洞径最大 10.84 m,工程总投资为 1 269.39 亿元,单方水投资 15.87 元/m³。模型优化方案各水库主要指标见表 7-20。

调水 82.31 亿 m³ 方案各水库系列年调水过程见表 7-21 及图 7-10,调水保证率情况见表 7-22,多年平均调入黄河水量 82.31 亿 m³,最大为 87.72 亿 m³,最小为 39.87 亿 m³。45 年系列中,调水 82.31 亿 m³ 的年保证率为 76.9% 左右。

表 7-20 优化调水方案水库工程参数指标

水库	坝址径流量 (亿 m³)	死水位 (m)	死库容 (亿 m³)	调节库容 (亿 m³)	正常蓄水位 (m)	调水量 (亿 m³)	调水流量 (m³/s)	多年平均调水量 (亿 m³)
热巴	60.72	3 660	14.56	22.50	3 706.98	44.46	153.80	43.11
阿安	10.00	3 640	0.15	4.90	3 718.90	7.49	25.91	7.50
仁达	11.49	3 635	0.33	4.15	3 702.73	7.90	27.33	8.00
洛若	4.12	3 758	0.05	—	3 758.00	5.76	19.92	2.50
珠安达	14.45	3 575	0.54	4.59	3 634.23	10.50	36.32	10.20
霍那	11.08	3 570	0.21	3.98	3 632.46	7.93	27.43	7.50
克柯 2	6.06	3 510	0.10	1.39	3 559.19	3.65	12.63	3.50
合计	117.92	—	15.94	41.51	—	87.69	303.34	82.31

表 7-21 调水 82.31 亿 m³ 方案各调水水库系列年调水过程   (单位:亿 m³)

年份	热巴	阿安	仁达	洛若	珠安达	霍那	克柯 2	合计
1960	45.65	8.02	8.43	2.80	10.71	7.92	3.69	87.22
1961	45.65	8.02	7.79	2.10	10.40	7.92	3.69	85.57
1962	45.65	8.02	8.43	2.50	9.89	7.92	3.39	85.80
1963	45.65	8.02	8.43	2.70	10.71	7.92	3.69	87.12
1964	45.65	8.02	8.43	2.40	10.10	7.92	3.69	86.21
1965	45.65	8.02	8.43	2.90	10.71	7.92	3.39	87.02
1966	45.65	8.02	8.43	2.70	10.71	7.92	3.69	87.12
1967	45.65	8.02	8.11	2.20	9.38	7.92	3.59	84.87
1968	45.65	8.02	8.43	2.50	10.30	7.92	3.29	86.11

续表 7-21

年份	热巴	阿安	仁达	洛若	珠安达	霍那	克柯 2	合计
1969	35.60	6.21	7.68	2.20	10.71	7.62	3.49	73.51
1970	45.35	7.70	8.11	2.30	10.61	6.42	3.49	83.98
1971	44.73	6.10	7.47	2.30	10.71	7.92	3.69	82.92
1972	45.24	7.49	8.43	2.10	9.89	6.72	3.29	83.16
1973	32.32	4.07	5.44	1.90	8.47	6.92	3.59	62.71
1974	45.65	8.02	8.43	2.90	10.71	7.92	3.69	87.32
1975	45.65	8.02	8.43	3.10	10.71	7.92	3.69	87.52
1976	45.65	8.02	8.43	3.30	10.71	7.92	3.69	87.72
1977	45.65	8.02	8.43	2.20	10.71	7.92	3.49	86.42
1978	44.73	5.88	6.61	2.20	9.79	7.62	3.59	80.42
1979	45.65	8.02	8.43	2.70	10.51	7.92	3.39	86.62
1980	45.65	8.02	8.43	2.70	10.61	7.92	3.59	86.92
1981	45.65	8.02	8.43	2.80	10.71	7.92	3.69	87.22
1982	45.65	8.02	8.43	2.80	10.71	7.92	3.59	87.12
1983	45.65	7.92	8.21	2.00	9.28	7.92	3.59	84.57
1984	40.73	5.03	5.97	1.70	8.98	7.92	3.59	73.92
1985	45.65	8.02	8.43	3.00	10.71	7.92	3.49	87.22
1986	33.86	5.46	5.01	1.50	7.85	6.32	3.09	63.09
1987	44.01	7.06	8.11	2.30	10.51	7.32	3.39	82.70
1988	40.32	6.63	8.21	2.70	10.71	7.92	3.69	80.18
1989	45.65	8.02	8.43	3.20	10.71	7.92	3.69	87.62
1990	45.65	8.02	8.43	2.90	10.71	7.92	3.59	87.22
1991	45.65	8.02	8.43	2.60	10.71	7.02	3.59	86.02
1992	41.35	8.02	8.43	2.70	10.71	7.92	3.69	82.82
1993	45.65	8.02	8.43	3.00	10.71	7.92	3.69	87.42
1994	37.96	8.02	8.43	2.30	10.71	7.92	3.49	78.83
1995	35.09	7.49	8.43	2.30	10.51	7.42	3.59	74.83
1996	43.91	8.02	8.43	2.80	9.69	5.51	2.99	81.35
1997	31.91	7.28	8.43	2.00	10.40	7.92	3.49	71.42
1998	45.24	7.70	8.32	2.80	10.71	7.92	3.69	86.38
1999	45.65	8.02	8.43	2.60	10.71	7.92	3.59	86.92
2000	45.65	8.02	8.43	2.90	10.71	7.92	3.49	87.12
2001	45.55	8.02	8.43	1.90	9.79	5.61	3.39	82.69
2002	21.44	4.60	3.84	1.10	4.28	3.01	1.60	39.87
2003	45.65	8.02	8.43	2.70	10.71	7.92	3.49	86.92
2004	43.71	8.02	8.43	3.30	10.71	6.62	3.69	84.48
多年平均	43.11	7.50	8.00	2.50	10.20	7.50	3.50	82.31

表 7-22　调水保证率情况表

保证率(%)	调入黄河水量(亿 m³)	保证率(%)	调入黄河水量(亿 m³)
最大	87.72	75	81.35
10	87.32	90	71.42
25	87.02	最小	39.87
50	86.02		

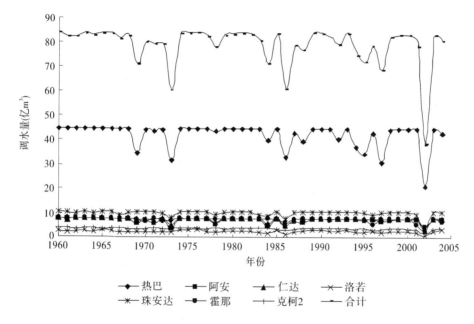

图 7-10　总调水过程及各引水坝址调水过程

7.4.2.2　水库运用方式优化结果

从表 7-20 水库正常蓄水位来看,年调节方式较多年调节方式水位降低-0.2～13.2 m,其中阿安降低最大为 13.2 m。洛若和克柯 2 水库由于调水量及调水比例比较小,两种调节方式下水位变化不大。

从各水库调水流量来看,除克柯 2 基本相当外,年调节方式调水流量均大于多年调节方式,其中热巴增加最多,为 14.77 m³/s,调水量比较小的洛若和克柯 2 流量增加比较少。年调节方式合计调水流量达到 317.39 m³/s,比多年调节方式大 24.77 m³/s。由于位置最靠上的热巴水库调水流量增加相对较多,将使全线调水流量增加,无疑年调节方式输水隧洞的规模要远大于多年调节方式。

从调水 82.31 亿 m³ 两种调节方式工程规模,投资比较来看,由于输水隧洞投资所占比重较大,年调节方式的投资较多年调节方式投资增加 22 亿元左右。因此,从调水工程规模及工程投资来看,水库采用多年调节方式优于年调节方式。

从表 7-22 调水入黄保证程度来看,多年调节方式,45 年系列多年平均入黄水量为 82.31 亿 m³,最大为 87.72 亿 m³,最小为 39.87 亿 m³。年调节方式,45 年系列多年平均入黄水量为 82.31 亿 m³,最大为 91.75 亿 m³,最小为 37.11 亿 m³,系列年调水 82.31 亿 m³ 的保证程度约 57%。可见,多年调节方式的调水入黄水量保证程度要远大于年调节方式,年际、年内调水平稳。多年调节方式和年调节方式系列年入黄调水量过程如表 7-2、图 7-7 所示。

综合比较分析,多年调节方式在隧洞规模、工程投资、调水过程均匀程度和保证程度等方面均优于年调节方式。因此,从减小工程规模、降低工程投资、提高调水保证率来看,南水北调西线一期工程水源水库以采用多年调节方式为最优。

7.4.3　调水的配置方案

根据以上原则,考虑全流域各部门的用水要求,调用黄河流域水资源调配的模型进行调节计算,由于入黄水量过程与用水过程不一致,要使西线来水满足配置方案要求水量和过程,必须对西线入黄水量进行跨年度调节,因此需要黄河干流水库对之进行调蓄,使之满足配置方案用水在时间和空间上的需求。

黄河上游的龙羊峡水库调节库容 193.5 亿 m³,库容系数 0.93,是调节能力很强的多年调节水库。计入西线调水(在龙羊峡水库以上入黄)82.31 亿 m³ 后,龙羊峡水库的库容系数为 0.67,仍然属于调节能力很强的多年调节水库,再计入其下游的刘家峡和大柳树等水库,应可以较好地调蓄西线来水。

根据入黄水量过程与黄河自身水量过程相匹配,采用长系列进行径流调节计算,多年平均入黄水量为 82.31 亿 m³,最大入黄水量为 87.72 亿 m³,最小入黄水量为 39.87 亿 m³。黄河干流龙羊峡—河口镇河段考虑龙羊峡、刘家峡、大柳树三大水库的蓄放水次序,实行联合补偿调节,三大水库联合补偿调节的基本原则是:供水不足时自下而上依次放水,梯级出力达不到系统要求时,自上而下依次放水补充。河口镇—三门峡河段是黄河洪水和泥沙的主要来源区,西线入黄水量在本河段分配用水为工业用水,按全年均匀引水考虑。本河段水库在汛期防洪运用,并进行调水调沙,10 月开始蓄水,次年 6 月末降至汛限水位。

通过调节,分析 2030 年南水北调西线一期工程及引汉济渭实施后黄河流域水资源的供需情况。供需平衡分析结果显示,2030 水平年考虑南水北调西线一期工程调水 82.31 亿 m³、引汉济渭等工程调水 16.37 亿 m³ 的情况下(向河道外配置 10 亿 m³),流域内多年平均供水量 525.52 亿 m³,缺水量 21.80 亿 m³,全流域河道外缺水率 4.0%,除花园口以下区间的陕西、山西和山东缺水较多外,其他河段和省(区)缺水很少,可见外流域调水可有效缓解黄河流域资源性缺水的矛盾。多年平均向流域外供水量 97.34 亿 m³,地表水总消耗量 406.35 亿 m³,考虑下垫面变化减少地表径流量 20 亿 m³,多年平均入海水量 211.1 亿 m³,见表 7-23。

表7-23　南水北调西线一期工程调水后黄河流域2030水平年供需平衡表　（单位:亿 m³）

二级区、省(区)	流域需水量	流域内供水量				流域内缺水量	流域内缺水率（%）	流域内地表耗水量	流域外供水量	合计耗水量
		地表水	地下水	其他	合计					
龙羊峡以上	3.39	3.21	0.12	0.03	3.36	0.03	0.9	2.92	0	2.92
龙羊峡—兰州	50.68	42.43	5.33	1.75	49.51	1.17	2.3	35.05	0.40	35.45
兰州—河口镇	205.63	173.82	27.38	3.84	205.04	0.59	0.3	136.25	5.60	141.85
河口镇—龙门	32.37	19.55	8.62	1.63	29.80	2.57	7.9	15.84	5.60	21.44
龙门—三门峡	158.29	93.80	46.77	8.74	149.31	8.98	5.7	79.36	0	79.36
三门峡—花园口	40.98	22.41	13.57	2.57	38.55	2.43	5.9	18.16	10.72	28.88
花园口以下	49.79	22.85	20.20	1.67	44.72	5.07	10.2	20.03	75.02	95.05
内流区	6.19	1.82	3.29	0.12	5.23	0.97	15.7	1.40	0	1.40
青海	27.67	22.93	3.27	0.40	26.60	1.07	3.9	19.56	0	19.56
四川	0.36	0.34	0.02	0	0.36	0	0.5	0.30	0	0.30
甘肃	62.61	52.94	5.68	3.56	62.18	0.43	0.7	42.41	6.00	48.41
宁夏	91.16	81.55	7.68	1.34	90.57	0.59	0.6	54.14	0	54.14
内蒙古	108.85	80.81	25.08	2.24	108.13	0.72	0.7	72.93	0	72.93
陕西	98.09	56.67	29.51	5.68	91.86	6.22	6.3	48.12	0	48.12
山西	69.87	40.55	21.06	3.02	64.63	5.24	7.5	34.05	5.60	39.65
河南	63.26	36.04	21.55	2.78	60.37	2.89	4.6	30.89	20.72	51.61
山东	25.48	8.06	11.44	1.33	20.83	4.64	18.2	6.61	58.82	65.43
河北	—							0	6.20	6.20
黄河流域	547.32	379.89	125.28	20.35	525.52	21.80	4.0	309.01	97.34	406.35

7.4.3.1　河道内用水满足情况

南水北调西线一期工程调入水量中分配的河道内用水为 25.71 亿 m³,主要在汛期7、8两月集中下泄,用于宁蒙河段减淤,并为黄河中下游河段汛期输沙提供水量。调水前后河口镇、龙门和花园口断面多年平均汛期水量见表7-24。

从表7-24中可以看出,河口镇断面调水后比调水前多年平均可以增泄28.0亿 m³ 水量,龙门断面调水后比调水前多年平均汛期增加25.4亿 m³ 水量,花园口断面调水后比调水前汛期增加25.7亿 m³ 水量,因此通过黄河干流水库的调节作用,能够将分配给河道内的输沙水量调蓄到汛期集中下泄,用于宁蒙河段及中下游河段冲沙。

表 7-24　主要断面汛期水量成果 （单位：亿 m³）

断面名称	调水前	调水后	差值
河口镇	120.3	148.3	28.0
龙门	121.9	147.3	25.4
花园口	175.1	200.8	25.7

7.4.3.2　河道外用水满足情况

通过干流水库的调节作用，在不改变调水前黄河水资源配置方案的条件下，可以满足调入水量在各河段的配置要求，且梯级电站出力和发电量调水后较调水前均有所增加。主要断面多年平均水量成果见表 7-25。

表 7-25　主要断面多年平均水量成果 （单位：亿 m³）

断面名称	调水前	调水后	差值
河口镇	213.4	245.9	32.5
龙门	240.2	266.5	26.3
花园口	326.4	352.1	25.7

从表 7-25 中可以看出，河口镇断面调水前后多年平均水量差值为 32.5 亿 m³，此部分水量中包括了河道内 25.7 亿 m³ 和河口镇以下分配的河道外 7.5 亿 m³ 用水量；龙门断面多年平均水量差值为 26.3 亿 m³，此部分水量中包括了河道内 25.7 亿 m³ 和龙门以下分配的河道外 1.3 亿 m³ 用水量；花园口断面水量差值为 25.7 亿 m³，为河道内用水。

根据西线南水北调一期工程及引汉济渭实施后的黄河流域水资源供需平衡成果，黄河流域主要受水区缺水量由 88.50 亿 m³ 减少为调水后的 9.57 亿 m³，缺水率为 1.8%。黄河流域主要受水区水资源情况见表 7-26。

南水北调西线一期调入水量 82.31 亿 m³，向河道外配置 56.60 亿 m³，向河道内补水 25.71 亿 m³。

河道外配置的 56.60 亿 m³ 首先基本保证 2030 水平年重要城市、重要能源工业基地的用水需求，再考虑向黑山峡生态灌区和河西石羊河流域供水。

从部门水量配置看，向重要城市供水 24.3 亿 m³；向甘肃陇东、宁夏宁东、陕西陕北、内蒙古、山西离柳孝汾等能源化工基地供水 18.4 亿 m³；向黑山峡生态灌区供水 8.9 亿 m³；向河西内陆河石羊河供水 4.0 亿 m³。

从省（区）水量配置看，青海省配置 4.65 亿 m³，甘肃省配置 12.49 亿 m³，宁夏配置 16.80 亿 m³，内蒙古配置 14.82 亿 m³，陕西省配置 14.35 亿 m³，山西省配置 2.91 亿 m³。

河道外配置水量主要增加在黑山峡生态灌区和河西内陆河石羊河流域，其中黑山峡生态灌区增加 8.0 亿 m³，达到 8.9 亿 m³；石羊河流域增加 2.0 亿 m³，达到 4.0 亿 m³。宁夏黑山峡生态灌区配置水量达到 6.6 亿 m³，内蒙古黑山峡生态灌区配置水量达到 1.0 亿 m³，陕西黑山峡生态灌区配置水量 1.3 亿 m³。河道内配置 25.71 亿 m³，由于河道内配置水量减少，多年平均情况下，2030 水平年黄河下游利津断面下泄水量基本为 211.1 亿 m³，略低于 220 亿 m³ 的黄河下游生态环境用水需求。

表 7-26　南水北调西线一期工程调水后黄河流域主要受水区水资源情况　（单位：亿 m³）

省（区）	地区	新增供水量	缺水量	耗水量	新增水资源消耗
青海	海北州	0.10	0.12	0.71	0.18
	海东地区	2.43	0.85	7.03	4.01
	西宁市	2.88	0.11	7.68	0.46
	小计	5.41	1.08	15.42	4.65
甘肃	兰州市	5.43	0.07	16.20	5.10
	天水市	0.38	0.44	2.97	0.36
	甘南州	0.17	0.15	1.07	0.30
	定西地区	0.62	0.42	3.60	0.56
	白银市	6.22	0.42	8.59	5.86
	庆阳地区	0.34	0.35	3.09	0.31
	小计	13.16	1.85	35.52	12.49
宁夏	固原市	1.48	0.33	3.73	1.55
	吴忠市	9.82	0.25	28.69	7.73
	银川市	9.03	0.19	15.43	7.41
	石嘴山市	1.58	0.24	7.09	0.11
	小计	21.91	1.01	54.94	16.80
内蒙古	乌海市	0.41	0.19	1.40	0.06
	鄂尔多斯市	4.17	0.64	11.02	4.10
	包头市	3.70	0.19	8.06	3.51
	阿拉善盟	1.95	0.53	3.94	2.31
	呼和浩特市	5.11	0.16	9.82	4.84
	小计	15.34	1.71	34.24	14.82
山西	临汾市	2.39	0.28	7.31	1.55
	太原市	2.09	0.35	4.77	1.36
	小计	4.48	0.63	12.08	2.91
陕西	榆林市	2.42	0.65	8.96	1.77
	杨凌市	0.04	0.02	0.15	0.04
	咸阳市	4.44	0.75	7.54	3.86
	西安市	6.91	0.21	8.10	3.53
	铜川市	0.32	0.14	1.30	0.27
	渭南市	4.48	1.52	12.82	4.88
	小计	18.61	3.29	38.87	14.35
合计		78.91	9.57	191.07	66.02

就总水量而言，推荐的调水规模 82.31 亿 m³，仅能够满足 2030 水平年受水区以及黄

河干流河道供需缺口 119.6 亿 m³（扣除引汉济渭工程可以向渭河流域供水 15 亿 m³ 后）的 68.81%，满足供水对象 2030 水平年需配置水量的 77.5%。

就河道内外用水需求而言，初步考虑向河道外配置水量 56.60 亿 m³，河道内配置水量 25.71 亿 m³，则调水规模对供水对象河道外需水的满足程度为 84.6%，对河道内需水的满足程度为 65.4%。

就需水过程而言，通过龙羊峡、刘家峡等黄河干流骨干水库的调蓄，可以较好地弥补调水过程年际间的不均匀性以及年内各用水部门需水过程不同的问题，实现调入水量的合理、高效利用，尽可能满足供水对象对水量的需求。

7.5　推荐方案调水影响

7.5.1　调水前后水文情势的变化

7.5.1.1　坝址水量及其过程的变化

西线一期工程水源水库位于调水河流上游地区，水资源总量少，调水量占坝址来水量的比例较大，调水 82.31 亿 m³ 方案各坝址的调水比例在 57.8%～70.0%，坝址的下泄量在 27.9%～40.9%。

由于西线一期工程引水水库热巴、阿安、仁达、珠安达、霍那、克柯 2 等具有多年调节的作用，丰水期部分水量被调节到枯水期，枯水期（11 月至次年 5 月）流量减少的幅度低于丰水期（6～10 月），汛期的调水比例为 59%～78%，非汛期为 38%～54%。调水后新的年内分配比例与调水前相比，丰水期占年径流的比例有所降低，枯水期比例略为增大，各坝址变化比例一般为 1%～17%。各水源水库年均及年内调水比例见表 7-27、表 7-28，各水库调水前后径流量变化过程见图 7-11。

表 7-27　调水后各坝址多年平均径流量的变化

河流		坝址	多年平均径流量（亿 m³）	多年平均调水量（亿 m³）	调水后下泄水量（亿 m³）	下泄水量占调水前的比例（%）	年调水量占坝址天然来水比例（%）
雅砻江	干流	热巴	60.72	42.0	17.48	28.8	69.2
	达曲	阿安	10.00	7.0	2.79	27.9	70.0
	泥曲	仁达	11.49	7.5	3.75	32.6	65.3
大渡河	色曲	洛若	4.12	2.5	1.55	37.6	60.7
	杜柯河	珠安达	14.45	10.0	4.23	29.3	69.2
	玛柯河	霍那	11.08	7.5	3.41	30.8	67.7
	阿柯河	克柯 2	6.06	3.5	2.48	40.9	57.8
合 计			117.92	80.0	35.69	30.3	

表 7-28　西线一期工程水源水库年内调水分析表　　（单位：亿 m³）

坝址		热巴	阿安	仁达	洛若	珠安达	霍那	克柯 2
来水量	天然径流量	60.72	10.01	11.49	4.11	14.44	11.08	6.06
	其中：汛期	44.48	7.54	8.91	3.24	11.52	8.51	4.82
	非汛期	16.24	2.47	2.58	0.87	2.92	2.57	1.24
调水量	调水量	42.01	7.00	7.50	2.50	10.01	7.50	3.50
	其中：汛期	20.15	3.38	3.56	2.16	4.74	3.58	1.65
	非汛期	21.86	3.62	3.94	0.34	5.27	3.92	1.85
年内调水量分析	汛期调节到非汛期水量	14.18	2.47	2.65	0.00	3.65	2.63	1.18
	非汛期总有水量	30.41	4.94	5.27	0.88	6.58	5.20	2.42
	实际调非汛期水量	7.68	1.14	1.25	0.34	1.61	1.28	0.67
调水比例（%）	非汛期调水占非汛期天然来水比例	47	46	49	38	55	50	54
	汛期调水占汛期天然来水比例	77	78	70	67	73	73	59
	年调水量占坝址天然径流比例	69	70	65	61	69	68	58

　　在水库调度运用中，首先保证了河道内生态环境需水的要求，调水后年内各月中，非汛期 12 月至次年 3 月河道的水量基本维持调水前多年平均水量，汛期水量减少较多。根据调水后泄水过程分析，各引水坝址中除阿安坝址有连续 9 年无弃水外，其余坝址最多 5~6 年即有较大弃水过程。

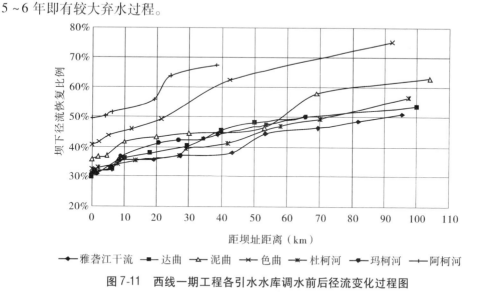

图 7-11　西线一期工程各引水水库调水前后径流变化过程图

7.5.1.2　坝址下游河段的径流变化

　　调水后，坝址下游主要断面多年平均径流量的变化见表 7-29。由表 7-29 可见，雅砻江、大渡河各坝址调水量占下游各断面处多年平均径流量的比例由上游到下游逐渐减小，雅砻江干流甘孜、支流鲜水河道孚断面处调水量占多年平均径流量的比例分别为 49.3% 和 32.4%，到干流小得石断面处为 11.4%，干流雅砻江河口调水量占雅砻江流域多年平均径流量的 9.4%。大渡河调水量占雄拉断面处多年平均径流量的比例为 24.9%,占大金、泸定断面处的比例分别为 14.3% 和 8.5%,大渡河河口调水量仅占大渡河流域多年平均径流量的 4.9%。

表 7-29　调水量占大渡河、雅砻江主要断面处年径流量的比例

流域		断面	集水面积 (km²)	距坝址距离 (km)	多年平均 径流量 (亿 m³)	断面以上 调水量 (亿 m³)	调水量占多年 平均径流量的 比例(%)
雅砻江	达曲	东谷	3 824	30	10.97	7.0	63.8
		朱倭	4 280	50	13.15	7.0	53.2
		达曲河口(炉霍)	5 204	100	14.85	7.0	47.1
	泥曲	泥柯	4 664	5	11.53	7.5	65.0
		朱巴(泥曲河口)	6 860	104	20.09	7.5	37.3
	鲜水河	道孚	14 465	180	44.78	14.5	32.4
		鲜水河口	19 338	305	63.70	14.5	22.8
	干流	甘孜	33 119	106	85.15	42.0	49.3
		雅江	65 923	320~395	209.51	56.5	27.0
		洼里	102 406	615~690	369.33	56.5	15.3
		小得石	117 081	950~1 025	493.65	56.5	11.4
		雅砻江河口	128 400	983~1 058	600.37	56.5	9.4
大渡河	色曲	色曲河口(雄拉)	3 226	92	10.03	2.5	24.9
	杜柯河	壤塘	4 910	58	15.36	10.0	65.1
		杜柯河河口(雄拉)	6 724	97	22.65	10.0	44.2
	绰斯甲河	绰斯甲	14 794	195~205	58.37	12.5	21.4
	玛柯河	班玛	4 337	9	11.91	7.5	63.0
		斜尔尕(玛柯河河口)	10 688	190	35.29	7.5	21.3
	阿柯河	安斗	1 764	20	6.96	3.5	50.3
		阿坝	2 473	38	9.87	3.5	35.5
		斜尔尕(阿柯河河口)	5 078	116	21.03	3.5	16.6
	足木足河	足木足	19 896	235~310	74.13	11.0	14.8
	干流	双江口	37 717	265~340	159.16	23.5	14.8
		大金	40 484	310~385	164.79	23.5	14.3
		泸定	58 943	540~615	277.14	23.5	8.5
		福禄镇	76 400	890~960	464.46	23.5	5.1
		大渡河河口	77 110	920~990	475.53	23.5	4.9

7.5.1.3 坝址下游各水文站径流年际、年内变化

根据各水文站调水前后历年的径流变化情况,分析调水对下游河段年际径流的变化及影响。雅砻江、大渡河各站调水后径流量减少幅度由上游向下游递减。距离坝址较近的东谷、泥柯、壤塘、班玛、安斗等站多年平均水量减少在 51.3% ~67.2%,年际最大变幅在 70.9% ~82.1%,年际最小变幅在 34.3% ~51.4%;坝址下游雅砻江的甘孜、道孚、朱倭、朱巴以及大渡河上的绰斯甲、足木足等站多年平均水量减少在 15.2% ~54.1%,年际最大变幅在 17.8% ~62.2%,年际最小变幅在 11.8% ~40.5%;随着集水面积的增大,雅砻江干流雅江、小得石以及大渡河干流的大金、福禄镇多年平均径流变化递减为 5.2% ~27.8%,年际最大变幅、最小变幅也递减为 6.0% ~35.3%、3.0% ~19.7%。

由于西线一期工程引水水库具有多年调节的作用,可将丰水期部分水量调节到枯水期。因此,调水后坝址以下各站年内枯水期(11 月至次年 5 月)流量减少的幅度低于丰水期减少的幅度,其中枯水期的部分来水较少的月份经水库调节后流量大于天然来水;对坝下各站年内分配变化的影响由上游向下游沿程递减。距坝址较近的东谷、泥柯、壤塘、班玛、安斗等站年内流量变幅较大,丰水期和枯水期的流量变化幅度在 51.6% ~71.4%、48.5% ~56.8%;再向下游的朱倭、朱巴、甘孜、道孚、绰斯甲、足木足等站丰水期和枯水期的流量变化幅度在 16.5% ~58.9%、11.2% ~39.7%;至雅砻江、大渡河干流的雅江、小得石、大金和福禄镇等站时,丰水期和枯水期的流量变化幅度减少为 3.6% ~29.7%、2.7% ~21.8%。

7.5.1.4 坝址下游水位变化

调水后,下游河道内水量减少,水位下降。通过枯水年和多年平均两种情况计算调水后坝下典型断面水位的变化。雅砻江、大渡河流域枯水年分别选 1973 年、1986 年。计算结果见表 7-30。

由表 7-30 可见,距离坝址越近,水位变化越大,随着距离的增大,影响程度逐步减弱,水位变幅越来越小。另外,由于雅砻江雅江断面水量减少 56.5 亿 m^3,其水位变幅最大,多年平均汛期下降 0.58 ~1.15 m,非汛期为 0.02 ~0.55 m;对于玛柯河班玛和扎洛断面,由于扎洛断面较班玛断面窄,虽然其位于班玛下游 30 km,但其调水前后的水位变化大于班玛断面。

无论是枯水年还是多年平均情况,各断面汛期水位变幅均大于非汛期。枯水年泥柯、朱巴、道孚等断面非汛期部分月份调水后水位有所提高,东谷、朱倭、金川、福禄镇等断面非汛期部分月份水位基本保持不变,说明这些月份坝址下泄的生态流量超过或维持了调水前的流量。由于坝下沿程支流水量的汇入,各调水河流从上到下各断面减少的径流量占调水前径流量的比例逐渐减小,调水后河道水位变化由上到下逐渐减小,影响较为明显的是坝址下游临近河段。

根据现有统计资料,雅砻江、大渡河流域干流的引、提水工程主要位于水位变幅较小的中下游地区,坝址下游临近河段水位变化虽然较大,但两岸居民、耕地很少,现有工程主要为引用支流和泉水的塘堰工程,没有从坝下临近河段干流引提水的工程。

初步分析,西线一期工程调水后对离坝址较远的引、提水工程引水量及引水口门的水位基本没有影响。

表7-30   雅砻江、大渡河各分析断面调水前后水位变化   （单位:m）

河流		站名或断面	枯水年各月水位变化		多年平均各月水位变化	
			汛期	非汛期	汛期	非汛期
雅砻江	达曲	东谷	−0.41 ~ −0.28	−0.18 ~ 0	−0.58 ~ −0.31	−0.24 ~ 0
		朱倭	−0.32 ~ −0.25	−0.14 ~ 0	−0.44 ~ −0.25	−0.20 ~ 0
	泥曲	泥柯	−0.64 ~ −0.44	−0.26 ~ 0.08	−0.75 ~ −0.34	−0.38 ~ 0.01
		朱巴	−0.46 ~ −0.33	−0.20 ~ 0.03	−0.59 ~ −0.29	−0.27 ~ 0.01
	鲜水河	道孚	−0.38 ~ −0.27	−0.16 ~ 0.02	−0.51 ~ −0.27	−0.22 ~ 0
	干流	甘孜	−0.83 ~ −0.67	−0.52 ~ −0.08	−0.93 ~ −0.55	−0.55 ~ −0.04
		雅江	−0.95 ~ −0.69	−0.48 ~ −0.03	−1.15 ~ −0.58	−0.55 ~ −0.02
		洼里	−0.75 ~ −0.43	−0.39 ~ −0.03	−0.81 ~ −0.55	−0.43 ~ −0.02
大渡河	杜柯河	上杜柯	−1.11 ~ −0.49	−0.44 ~ −0.01	−0.94 ~ −0.43	−0.47 ~ −0.01
		壤塘	−1.06 ~ −0.44	−0.38 ~ −0.01	−0.95 ~ −0.42	−0.41 ~ −0.01
	玛柯河	班玛	−0.47 ~ −0.18	−0.17 ~ 0	−0.43 ~ −0.16	−0.21 ~ −0.01
		扎洛	−0.77 ~ −0.36	−0.29 ~ −0.01	−0.73 ~ −0.41	−0.37 ~ −0.03
	阿柯河	安斗	−0.48 ~ −0.20	−0.18 ~ −0.04	−0.42 ~ −0.16	−0.26 ~ 0.05
	足木足河	足木足	−0.32 ~ −0.13	−0.14 ~ 0.01	−0.30 ~ −0.16	−0.17 ~ 0
	绰斯甲河	绰斯甲	−0.40 ~ −0.14	−0.13 ~ −0.01	−0.37 ~ −0.22	−0.14 ~ −0.01
	干流	金川	−0.36 ~ −0.19	−0.17 ~ 0	−0.35 ~ −0.21	−0.20 ~ 0
		福禄镇	−0.18 ~ −0.05	−0.08 ~ 0	−0.18 ~ −0.10	−0.08 ~ 0

注:1. 负值表示调水后水位小于调水前水位。

2. 枯水年(保证率为95%)典型年雅砻江为1973 ~ 1974年,大渡河为1986 ~ 1987年。

7.5.2 调水对经济社会的影响

雅砻江、大渡河流域水量丰沛,河川径流量分别为600.4亿 m^3、475.5亿 m^3,人口稀少,人口密度分别为20.8人/ km^2 和28.6人/ km^2 。人均河川径流量分别为22 471 m^3 /人、21 539 m^3 /人,耕地亩均河川径流量分别为12 664 m^3 /亩、16 346 m^3 /亩。由于自然条件的差异,雅砻江、大渡河流域区域经济发展很不平衡,经济社会发展水平地域间差异较大。中下游地区集中了全流域约80%的人口、耕地和工业总产值,而流域内约70%的牲畜集中在上游地区。预测2030水平年雅砻江、大渡河流域河道外用水量分别为30.5亿 m^3 、11.7亿 m^3 ,分别占河流总来水量的5.1%和2.5%,其中71% ~ 96%的水量集中在中下游地区。雅砻江、大渡河中下游各河段需水量占河段来水量的比例分别为1.6% ~ 10.7%、2.7% ~ 32.2%。

西线一期工程引水坝址海拔在3 500 m左右,坝下临近河段内人口密度2 ~ 11.4人/ km^2 ,95%以上为藏族,生产以牧业为主,经济结构单一,除雅砻江干流热巴坝址下游甘孜县城附近、达曲阿安坝址下游朱倭至炉霍河段、阿柯河克柯2坝址下游阿坝县城附近河谷较为开阔,有一定规模的农田分布外,其余河道仅在局部缓坡地上分布有居民点和零星农田。由于坝址下游大部分河段河谷形态呈"V"形或"U"形,河谷切割较深,干流引水条件较差,县城用水和牧民生产、生活用水均依靠两岸支流小溪或泉水。即使考虑干流两岸未来生产、生活用水需求全部由干流取水,2030 水平年,各调水河流坝下临近河段用水需求量仅为 224 万~3 150 万 m³,占河段汇入径流量的 0.7%~2.6%,说明坝址下游河道外需水不会对西线调水形成制约。

7.5.3　河道内生态用水影响

雅砻江、大渡河中下游地区经济社会发展水平较高,河道内生态用水相对较多,但是中下游河段水量丰沛,不考虑上游来水,仅中下游区间汇入径流量即分别达 541 亿 m³ 和 198 亿 m³,而且上述河段距离引水坝址 320~615 km,调水占来水量的比例在 8.5%~26.6% 以下,调水后河道径流、水位减少的比例很小,调水不会影响中下游河道内生态环境用水。同时,由于雅砻江、大渡河水能资源丰富,随着水电梯级的相继兴建,中下游河道逐渐形成库区型河道,对生态环境的影响转化为对水电梯级的影响。

雅砻江、大渡河上游地区人烟稀少,人类活动对生态环境的影响很小,大部分地区尚处于原始状态,河流生物多样性保存较为完好。由于调水占径流量的比例较大,上游地区是生态环境保护的重点。雅砻江、大渡河上游河段泥沙含量很小,对生态水量要求不高。引水坝址位于高山峡谷区,两岸地下水位高于河水位,河道内水位降低对两岸地下水位影响有限,植被生长基本靠天然降水补给,调水不会对两岸植被造成大的影响。上游河段河道内生态环境用水主要是维持水生生物栖息、水环境、岸边植被及生态景观等用水需求。

为保证该段的生态用水需求,各水源水库均考虑了下游河段基本生态环境需水和重点保护对象两种生态需水要求,维持至少 2.7~40 m³/s 的生态流量,在实际的水库调度中,考虑汛期下泄水量后,各水库多年平均下泄水量占调水前水量的 27.9%~40.9%。很多月份特别是汛期,水库的下泄水量远大于要求的生态环境流量,而且,下泄水量按照生态需水控制,使得调水后有调节能力的水库在 45 年计算系列中,有 7~34 年最小下泄流量较调水前该年枯水月份的流量有所增加。枯水年泥柯、朱巴、道孚等断面非汛期部分月份调水后水位有所提高,东谷、朱倭、金川、福禄镇等断面非汛期部分月份水位基本保持不变,说明这些月份坝址下泄的生态流量超过或维持了调水前的流量。

雅砻江、大渡河流域上下游气候差异很大,降水量由北向南递增,上游地区降水量为 600~800 mm,中下游地区一般为 1 000~1 300 mm,部分山区降水量可达 2 000 mm 左右。流域内水系发育,支流众多,坝址下游支流汇入很快,在距离坝址 1~4 km 即有较大支流汇入,距离坝址 10 km 左右,水量汇入 0.4 亿~4.2 亿 m³,相当于调水前坝址水量的 3%~10%;距离坝址 30 km 左右,水量汇入 1.3 亿~6.2 亿 m³,相当于调水前坝址水量的 10%~33%;距离坝址 50 km 左右,水量汇入 2.3 亿~15 亿 m³,相当于调水前坝址水量的 20%~80%。越向下游支流汇入越多,河道内水量恢复越快。随着支流的汇入,在距离引水坝址 38~96 km 处,各坝址调水量占径流量的比例减少为 35.5%~51.5%,在雅砻江雅江、大渡河双江口处(距离引水坝址 300~400 km)调水量占径流量的比例分别为 27.0%、14.8%,在雅砻江、大渡河河口处调水量占径流量的比例分别为 9.4%、4.9%,见表 7-29。

推荐的一期工程布置方案各引水坝址选在坝下有较大支流汇入的河段,以便调水后河道水量能够较快恢复,减少对河道内生态的影响。如雅砻江热巴坝址下游8.5 km即有定曲汇入,水量4.2亿m³;泥曲仁达坝址下游10 km有纪侧曲汇入,水量0.92亿m³;阿柯河克柯2坝址下游19 km有若曲汇入,水量0.69亿m³。

7.5.4　调水对下游电站运行的影响

雅砻江、大渡河河流水能资源丰富,干支流水电开发势头迅猛。目前,西线一期工程各引水坝址下游均建有多座小型水电站,如阿安坝址下游100 km的炉霍城区电站、仁达坝址下游10 km的日格电站、洛若坝址下游10 km的霍西电站、珠安达坝址下游55 km的章光电站、霍那坝址下游2 km的大团电站和45 km的仁青果电站、克柯2坝址下游20 km的上安斗电站和80 km的安羌电站等,各引水支流的梯级规划和工程前期工作还在抓紧进行,见表7-31。雅砻江、大渡河干流除已经建成的二滩、龚嘴、铜街子电站外,两河口、锦屏一级、锦屏二级、双江口、瀑布沟等电站也在建设中。随着水电梯级的建设,雅砻江、大渡河干流和一些主要支流将逐渐形成库区型河道,河流形态将发生巨大改变,水面面积和水深大大增加,生态环境下垫面将发生很大变化。西线调水对河流的影响在一定程度上转化为对水库运行的影响,这种影响相对河道的直接影响要弱很多。

表7-31　引水坝址下游支流已建、在建小水电指标

河流	名称	所属县	流域面积（km²）	多年平均径流(m³/s)	装机容量（MW）	年发电量（万kW·h）	发电年份
达曲	炉霍城区	炉霍	4 995	47.5	0.96	717	1980
泥曲	日格	色达	4 758	36.9	7.50	4 638	在建
	七湾	炉霍	6 868	62.1	0.64	560	1991
鲜水河	秀罗海	炉霍	12 435	113	2.50	2 191	1989
	炉霍鲜水河	炉霍	13 215	121	7.50	4 686	2007
	道孚鲜水河	道孚	13 765	126	3.00	2 525	1980
	孟拖	道孚	14 326	131	18.90	13 537	在建
色曲	霍西	色达	2 410	23.5	2.00	1 549	1989
	曾达	色达	3 182	31.6	4.80	2 495	2005
杜柯河	章光	壤塘	7 013	70.3	1.14	900	1981
	明达	壤塘	7 563	76.5	4.80	3 644	2005
玛柯河	大团	班玛	4 145.2	42.7	0.50	250	1973
	仁青果	班玛	5 273	50	1.89	1 415	1993
阿柯河	上安斗	阿坝	2 044	25.2	2.00	1 188	2000
	草原	阿坝	2 105	26.1	0.28	225	1961
	安羌	阿坝	3 595	43.5	2.50	1 552	1987
合计					60.91	42 072	

7.6　小　结

考虑调水区与受水区的水资源、社会(包括政治、经济)和生态环境等各个方面,建立具有三层结构的泛流域水资源配置模型系统,模拟系统中不同层次间的联系,将调水区和受水区纳入一体化的配置模型体系中优化。

分析探讨模型主要参数的选取方法和关键问题,采用大系统协调技术和嵌套遗传算法求解跨流域调水超大系统,通过模型优化,求解出跨流域调水适宜的规模和工程布局,并且制订了跨流域调水的空间分配方案。

系统分析了南水北调西线工程对调水区的水文情势、经济社会、河道生态环境以及下游水电站运行等的综合影响,分析认为调水 82.31 亿 m^3 对调水河流的河道直接影响较弱。

第8章　基于 GIS 的黄河流域水资源配置
决策支持系统设计与开发

8.1　系统概述

　　黄河流域水资源配置过程是一交互式决策过程,决策是人们为实现主观目的而进行策略或方案选择的一种行为,它必然带有决策者的大量主观因素,尤其是半结构化或非结构化决策问题的解决,不仅要借助系统科学的理论与方法,而且还要依赖决策者经验的分析与判断。因此,如何帮助决策者作出快速、合理、有效的决策,人们一直寻求着能较有效地解决这一问题的新方法。DSS(决策支持系统)以强有力的模型库、知识库及人工智能系统为辅助,引导决策支持小组和决策者完成群决策和协调机制。

　　GIS(地理信息系统)技术作为发展"数字水利"的高新技术,以其强大的空间信息分析、管理、存储、模拟、数据更新、决策和预测能力服务于水利。研究将 GIS 应用于黄河流域水资源配置的决策中,为提高水资源配置的决策效率和管理规划提供了一个有效的工作平台和可靠的技术支持,因此具有一定的实际意义和经济意义。

　　基于 GIS 的黄河流域水资源配置决策支持系统的研究目标是建立黄河流域数字化平台,通过空间信息分析、管理、存储等功能实现系统的信息化;为实现黄河流域水资源配置与调度管理的智能化提供有效工具;通过 GIS 的信息提取全面评价水资源配置效果。

8.2　系统开发原则及功能

8.2.1　系统开发原则

　　根据基于 GIS 的黄河流域水资源配置决策支持系统的具体情况,系统开发需要遵循以下原则:

　　(1)实用性原则。系统开发要充分考虑黄河流域水资源配置与调度的特点和实际应用需求,明确不同层次、不同业务系统间的相互协调关系,以应用为目标,进行系统的设计和开发工作。此外还应该做到系统界面清晰、接口标准、操作简单、维护方便、使用灵活,使系统能够适用于不同的人员和不同的环境。

　　(2)先进性原则。系统开发及软件选用上要体现先进性,应尽可能地适应当前技术发展的趋势,采用先进的设计思想和成熟技术;在满足实用性原则的基础上,尽可能采用高技术起点和选用当前最先进的成熟软、硬件运行环境,使系统的设计和开发具有一定的前瞻性。

　　(3)可靠性原则。系统应该能够在各种环境下保证可靠运行,能够正确处理各种数据,功能模块的程序语言要求正确无误,计算方法和程序模块必须经过严格的测试。系统还应具有很好的容错能力和自诊断能力,尽可能避免系统在运行过程中出现异常中断。

(4)通用性原则。系统的各个功能模块要求结构化、模块化、标准化,尽可能形成各种标准组件,可以方便地增加和更新各种模型(方法);系统核心部分要利用通用的软件工具进行开发,实现与硬件环境的相对独立,以便于进行系统的后续开发、应用维护和功能扩展。

8.2.2　系统功能与性能

基于 GIS 的黄河流域水资源配置决策支持系统功能如表 8-1 所示。

表 8-1　基于 GIS 的黄河流域水资源配置决策支持系统功能

编号	功能
【R01】	GIS 图层数据的管理和存储功能
【R02】	GIS 空间信息分析功能
【R03】	数据库管理功能
【R04】	方案管理(新建、删除、打开、保存等)功能
【R05】	方案数据编辑(添加、删除、查询等)功能
【R06】	方案比选分析功能
【R07】	模型输入数据预处理
【R08】	模型计算参数设置
【R09】	模型运行进度控制
【R10】	模型输出数据整编
【R11】	数据统计报表制作
【R12】	数据统计图表制作
【R13】	用户权限验证
【R14】	用户管理
【R15】	系统帮助

系统设计开发除要满足表 8-1 中的所有系统功能外,还要满足性能需求。根据系统的特点和应用要求,系统性能需要满足以下要求:

(1)空间信息管理先进性。系统应采用当前先进的 GIS 技术,对黄河流域的多种水资源空间数据信息进行统一组织和管理,同时还应该提供一定的空间数据分析功能。

(2)数据查询灵活性、快捷性、准确性。系统必须提供给用户灵活的查询条件组合方式,同时对于用户的查询必须进行快速的响应,准确返回所需要的查询结果。

(3)方案管理高效性。采用先进高效的编程技术,提供快捷简便的方案管理手段,提高新建方案、删除方案、保存方案、导出方案等操作的执行效率。

(4)模型计算准确性。对模型的输入数据、计算参数必须进行检验,在保证其正确性后才能执行模型计算过程;同样,在模型计算结束之后,也要对计算结果进行检查,确定无误后再进行模型计算结果的整编,保证提交给用户的数据都准确无误。

（5）数据库安全性。数据库必须保证安全,对数据的编辑操作必须严格控制,提供一定程度的数据恢复措施,防止数据库遭到损坏。

8.3　系统结构设计

基于 GIS 的黄河流域水资源配置决策支持系统按照功能可分为 GIS 空间数据管理、水资源配置方案管理和系统管理三大部分。

GIS 空间数据管理包含了 GIS 图层显示控制、GIS 空间数据存储、GIS 空间数据分析三个模块。GIS 图层显示控制模块主要负责实现系统对黄河流域相关 GIS 图层的组织、显示、管理及操作;GIS 空间数据存储模块主要功能是对所有 GIS 数据信息进行统一存储管理,同时提供相应的空间数据调用接口;GIS 空间数据分析模块提供了一个使用户按点、线、面对空间数据进行查询输出、距离量测、专题统计等的空间数据分析功能。

水资源配置方案管理按照操作流程和管理对象的不同又可分为方案管理、数据管理、模型管理和图表制作四个模块。在细分的四个模块中,方案管理只针对水资源配置方案的属性信息及方案数据库进行统筹管理,不涉及具体的方案数据内容;数据管理采用面向对象的管理办法,只针对具体的方案数据,不与方案进行联系;模型管理主要用于控制模型计算参数、前后数据处理和模型计算;图表制作用于生成方案结果分析所需要的统计报表和图表。

对系统管理来说,用户管理为常用功能模块,除对用户登录信息进行验证外,还应该提供用户权限设置等多种高级管理功能,保证系统的安全性。此外,还包括了对系统数据库的管理,除数据库的备份与恢复等基本维护功能外,还要能够对数据库中最为重要的样本方案数据库进行高效的管理,保证所有新建方案的正确性。

综上所述,根据系统实际应用需求,同时也为了提高系统安全性及可靠性,遵循"高耦合、低内聚"的程序开发理念,按照具体功能进行分类,将系统设计为 GIS 空间数据管理、方案管理、数据管理、模型管理、图表制作和系统管理六个子系统。系统结构和功能模块见图 8-1。

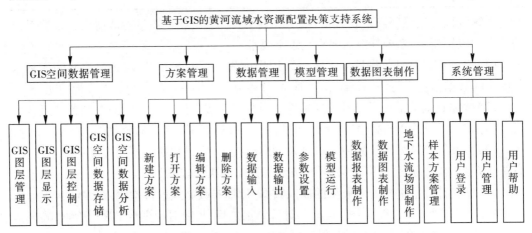

图 8-1　基于 GIS 的黄河流域水资源配置决策支持系统结构和功能模块

8.4　系统功能模块设计与开发

根据系统性能需求,按照不同的功能进行划分,对基于 GIS 的黄河流域水资源配置决策支持系统的结构进一步细分,其具体功能模块见表 8-2。

表 8-2　基于 GIS 的黄河流域水资源配置决策支持系统功能模块

编号	模块	功能
【M01】	GIS 空间数据管理模块	GIS 图层管理、GIS 图层显示、GIS 图层控制、GIS 空间数据存储、GIS 空间数据分析等功能
【M02】	方案管理模块	方案新建、打开、编辑、删除、查询等操作
【M03】	数据管理模块	数据编辑、添加、删除、导入、导出等操作
【M04】	模型管理模块	模型参数设置、模型运行控制等操作
【M05】	数据图表制作模块	数据报表、数据图表的制作
【M06】	系统管理模块	数据库管理、样本方案管理、用户登录验证、添加用户、编辑信息等操作

8.4.1　GIS 空间数据管理模块

GIS 空间数据管理模块构建了整个系统的整体框架结构,提供了 GIS 图层管理、GIS 图层显示、GIS 图层控制、GIS 空间数据存储、GIS 空间数据分析等主要功能。

(1)GIS 图层管理:将所有 GIS 图层按照专题图进行统一组织并管理。

(2)GIS 图层显示:提供了 GIS 图层及专题图的调用及显示接口。

(3)GIS 图层控制:包含了图层放大、缩小、移动、点选等操作。

(4)GIS 空间数据存储:对所有 GIS 数据信息进行统一存储管理。

(5)GIS 空间数据分析:按点、线、面对空间数据进行查询输出、距离测量,按照空间位置进行数据统计、专题统计等。

8.4.2　方案管理模块

方案管理模块是系统的核心管理模块,包含了新建方案、删除方案、打开方案、关闭方案、保存方案、导出方案等功能。

(1)新建方案:按照要求填写方案名称、建立时间、创建人、方案说明等方案属性信息,通过验证后执行新建方案过程,新建方案可以直接复制已存在的系统方案,减少用户的输入数据调整工作。

(2)删除方案:从系统数据库中删除所选方案的所有相关信息。

(3)打开方案:通过方案名称列表选择需要打开的系统方案,方案打开后才可以对方案数据信息进行修改并执行模型计算过程。

(4)关闭方案:关闭已打开的系统方案。

（5）保存方案：在对打开方案进行修改编辑的情况下，保存方案的修改内容。

（6）导出方案：将所选方案的输入、输出数据库自动保存到指定路径下，便于方案数据的备份和交流。

8.4.3　数据管理模块

数据管理模块包含两部分主要内容：一是数据查询和显示，二是数据修改和编辑。按照功能可细分为添加数据、删除数据、编辑数据、导入数据、导出数据、保存数据六项功能，数据管理模块与方案管理模块相结合实现了对方案和方案数据的统一管理。

（1）添加数据：在所选数据表内添加一行数据内容。

（2）删除数据：从所选数据表中删除所选数据行。

（3）编辑数据：编辑修改数据表中的所有数据内容。

（4）导入数据：将标准格式的外部文件（如 Excel、txt 等）内的数据内容导入所选数据表。

（5）导出数据：将所选数据表中的所有数据导出为 Excel 文件格式。

（6）保存数据：将数据表的所有修改内容保存入数据库。

8.4.4　模型管理模块

模型管理模块的主要功能是对水资源配置计算模型进行统一管理，模块包含了模型计算参数设置和模型运行控制两部分内容。

模型计算参数设置的主要参数包括调水方案选择、水库库容控制、计算时段选择等。这些参数均需在模型运行之前进行配置，只有通过正确的参数配置后，模型才可以进行计算。

模型运行控制包括了模型输入数据前处理、模型计算进度控制和模型计算结果后处理三个功能。

8.4.5　数据图表制作模块

根据系统用户实际需要，设计开发了数据图表制作模块，本模块使用数据管理模块对数据进行整编处理，生成报表格式数据，再根据具体的设置提供相应的结果进行显示。模块共分为数据报表制作、数据图表制作和地下水流场图制作三个部分。

数据报表制作模块分为输入数据报表制作和输出数据报表制作两部分内容。数据图表制作模块基于 TeeChart 图表控件进行了二次开发，主要用于显示断面流量过程线。模块根据方案模型计算结果、数据年份，通过查询获得结果数据，经过模块内部处理后，显示为断面流量过程线图，同时提供过程线数据标签显示、图表保存、图表打印等功能。

地下水流场图制作模块主要用于控制水流场图制作软件 Surfer32.exe，将其作为外挂程序嵌入本系统。

8.4.6　系统管理模块

在基于 GIS 的黄河流域水资源配置决策支持系统中，由于用户可以直接对方案数据库进行编辑操作,故需要对用户进行管理,限制可操作用户的类型、数量,防止由于用户误操作造成方案数据错误、丢失等情况的发生。此外,由于所有方案均以样本数据库为基础生成,还需要开发相应的模块对其进行管理。系统管理模块主要包括数据库管理、用户管理、样本方案管理和用户帮助。

数据库管理模块主要利用 ADO 技术,通过复杂、高效的 SQL 查询语言,建立系统对数据库的访问通道,从而获得数据内容。模块提供多种组合查询方式,方便用户对数据库内的各类数据表信息进行查找。此外,模块还提供了方案临时数据库的生成、删除功能,保证了方案数据库的安全性。

用户管理主要功能包括用户登录验证、添加用户、删除用户、用户权限设置等。

样本方案管理主要是对系统的样本方案数据库进行编辑修改等操作。

用户帮助提供了系统详细的操作说明和用户使用帮助信息。

8.5　数据库系统结构设计

8.5.1　数据库平台选择

基于 GIS 的黄河流域水资源配置决策支持系统软件是在 Windows 操作系统下运行的软件,具备接口良好,执行速度快,操作简单等特点。根据系统数据结构的特点、总的数据量以及方案数据的交互需求,本着成本最小化、效益最大化的原则,采用 Microsoft Access 2000 作为系统数据库管理软件。Microsoft Access 2000 具有并行处理体系结构、先进的查询优化器和强大的数据复制功能,可对各类数据资料进行快速的检索和查询,方便地进行图表的生成、显示和打印。

8.5.2　数据库结构设计

根据系统方案管理的特点和数据的应用需求,按照一个方案配备一套输入、输出数据的要求,将系统数据库设计为输入、输出数据相互独立的数据库结构。其中方案输入数据库名称为 DataInput. mdb,方案输出数据库名称为 DataOutput. mdb。

方案输入数据库保存了方案属性信息和模型计算所需要的各类输入数据内容,具体包括方案描述、参数分区、分水线、灌区参数、河道信息、径流系列、水库参数、水库需水、水文地质参数、生产需水预测、生活需水预测、生态需水预测及有限单元信息等数据表。

方案输出数据库保存了方案模型计算结果和统计报表数据内容,主要包括地下水变化、地下水均衡、灌区供需平衡、耗水平衡、泉水出溢、水库运用、断面流量、不同地下水埋深面积等类型数据按照灌区和行政区分别进行统计的典型年、系列年以及多年平均数据表。

8.6　系统界面设计与开发

系统界面是人机交互的重要部分,在界面设计中,人性化的功能设置,统一的软件界面设计风格,简单、便捷的用户操作都是基于 GIS 的黄河流域水资源配置决策支持系统界面开发中主要遵循的原则。

　　针对 GIS 空间数据管理、方案管理、数据管理、模型管理、图表制作和系统管理六个子系统不同的运行方式以及使用需求,结合其共同点,开发设计了系统界面。

　　系统登录界面如图 8-2 所示,系统主界面如图 8-3 所示。

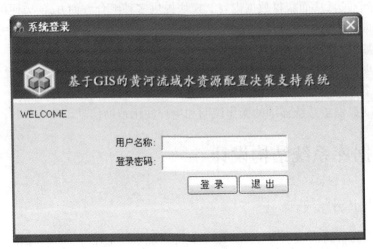

图 8-2　基于 GIS 的黄河流域水资源配置决策支持系统登录界面

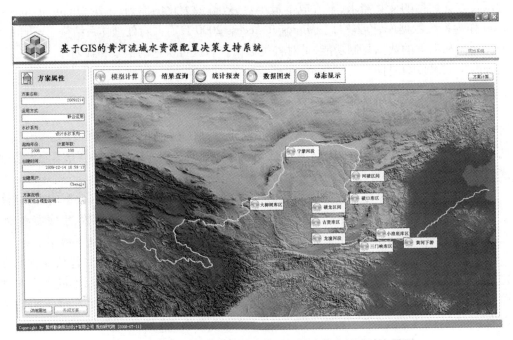

图 8-3　基于 GIS 的黄河流域水资源配置决策支持系统主界面

8.7 小 结

以强有力的模型库、知识库和人工智能技术为辅助手段,利用 GIS 强大的空间系统分析能力,建立基于 GIS 的黄河流域水资源配置决策支持系统,该系统具有实时、多方案、多目标、可视化交互决策等功能。基于 GIS 的黄河流域水资源配置决策支持系统是研究泛流域水资源系统优化的重要决策支持工具,系统的建立可为南水北调西线一期工程调水进入黄河之后的水量优化配置提供重要手段,为实现黄河流域水资源高效、优化分配提供高效的技术平台。

第9章　研究结论与展望

9.1　主要研究结论

西线调水的优化配置是一个全局性问题,调水量、调水时机的选择,调水效益最大发挥、调水量合理分配是南水北调西线一期工程调水的关键技术问题。研究从泛流域经济社会、生态环境与水资源协调角度出发,分析泛流域水资源系统的耦合关系,研究泛流域超大系统、多水源的联合运用模式,提出南水北调西线一期工程调水的合理规模和优化配置方案。

9.1.1　研究的主要内容

本书研究的主要内容包括:

(1)调水河流径流演变研究。针对水文要素的时空变化具有高度的非线性特点,采用 Mann-Kendall 和 Spearman 方法,运用小波理论和最大熵谱原理研究调水区水文系统演化的非线性规律,从复杂水文系统运动中发现其内在的规律(趋势+周期),全面地揭示了调水区调水坝址河流水文动力系统的复杂运动特征。基于物理运动自记忆原理,建立了灰色自记忆预测模型,预测了 7 个调水坝址未来 30 年水资源演变趋势,为西线调水工程优化提供了科学依据。

(2)调水河流的可调水量分析。调查调水河流水资源开发利用状况,分析调水区生产、生活、生态需求形势,在水资源供需平衡的基础上,并在充分保证调水河流河道内生态环境需水量及河道外生产、生活用水的前提下,研究提出了调水河流最大可调水量。

(3)黄河流域水资源供需形势分析。分析黄河流域水资源演变趋势及经济社会发展态势,预测水资源供需形势,针对未来黄河流域水资源短缺问题,提出分区缓解水资源问题的对策措施和时机。

(4)西线工程受水区的确定。将系统安全的新理论和预警方法引入水资源系统,建立区域水资源安全评价的指标体系,构建区域水资源安全评价的压力-状态-响应模型(PSR 模型)。采用区域水资源供需平衡压力指数及 WPI 指数全面评价黄河流域水资源安全状况,筛选确定南水北调西线工程的受水区。

(5)西线调水工程合理规模及调水量优化配置研究。将受水区和调出区纳入统一的系统中研究,提出基于跨流域调水的泛流域水资源多维尺度优化理论和方法,建立具有三层结构、包括区域水资源时空优化模块的泛流域水资源配置模型。

(6)采用大系统协调技术、动态调节机制和嵌套遗传算法求解跨流域水资源协调优化分配问题,将资源价值、生态改善和环境保护融入区域宏观经济核算体系中,通过模型优化,求解了跨流域各调水工程参数、规模、布局,并且制订了跨流域调水的空间分配方案。

9.1.2　研究取得的创新性成果

研究成果将丰富水文水资源系统分析、水安全诊断和水资源效益评价方法,进一步推动多目标决策技术、水资源合理配置技术、工程运行控制技术的新发展。本书的研究在以下方面均取得了创新性的成果:

(1)模型优化方面。针对西线工程的调出区和受水区水资源条件、生态环境状况各异,经济社会发展水平差别较大,提出基于跨流域调水的泛流域水资源多维尺度优化理论和方法,建立联系调出区和受水区,包括区域水资源时空优化模块的超大系统,模型采用动态调节机制求解跨流域水资源协调优化分配问题。

(2)理论方法开创方面。一是区域水资源安全综合评价理论与方法,通过研究水系统安全的新理论和预警方法,建立一套综合指标体系反映区域水资源的压力,以区域水安全系统危机为研究对象,深入探讨区域水安全系统危机、发展、调控机制,构建水资源安全的诊断与临界预警理论框架和分析方法;二是泛流域水资源配置决策理论与方法,研究提出了泛流域水资源配置的多目标协调优化方法,创新并形成了一套科学发展观指导下的跨流域水资源合理配置的理论与方法;三是首次建立水资源的经济效益、社会效益和生态环境效益全口径评价方法,全面评价了调水的经济效益、社会效益和生态效益,为南水北调西线工程的评估提供了科学依据。

(3)技术应用方面。建立基于 GIS 技术的黄河流域水资源配置决策支持系统,为黄河流域水资源管理提供了数字化平台;提出基于南水北调西线工程调水的黄河流域水资源优化配置方案。

9.2　展　望

跨流域调水工程优化包含调入区和调出区,涉及经济社会和生态环境等各个方面的诸多问题。本书针对跨流域调水系统水资源主要问题开展了研究,并取得了一些成果,但由于跨流域调水的复杂性、所涉及问题的综合多样性以及各跨流域调水系统自身具体特点的不同,仍存在一些问题需要进一步研究:

(1)水资源的中长期变化受气候和人类活动的双重影响,表现出十分复杂的特性,需要将机制研究和统计分析相结合,研究各调水河流中长尺度的水文特性,把握调水河流的演变规律。

(2)跨流域调水工程的效益包括社会效益、生态效益和经济效益,全面、合理地评价调水工程的效益对于调水工程的科学决策意义重大,当前研究对于经济效益的评价方法已经相对成熟,而生态效益的精确定量评价研究尚在摸索阶段,对于社会效益的评价多为定性分析;需要研究综合的评价方法,定量测算跨流域调水的各种效益,以更好地服务于跨流域调水工程的宏观决策。

(3)跨流域调水工程对受水河流的径流过程有较大程度的改变,因此需要深入研究调水条件下,受水河流的实时优化调度问题,提高调水量的保证率,并充分发挥调入水量的效益。

参 考 文 献

[1]黄河水利委员会.黄河水资源综合规划[R].郑州:黄河水利委员会,2009.

[2]黄河勘测规划设计有限公司.南水北调西线一期工程项目建议书[R].郑州:黄河水利委员会,2009.

[3]杨立信.国外调水工程[M].北京:中国水利水电出版社,2003.

[4]王宏江.跨流域调水系统研究与实践[J].中国水利,2004(11):11-13.

[5]William E. Cox. Inter-basin water transfer in the United States: Overview of the institutional framework [R]. Proeeedings of IWRA seminar on Interbasin watertransfer,1986(7):1-10.

[6]魏后凯.中国区域经济发展的水资源保障能力研究[J].中州学刊,2005(2):34-37.

[7]郑连第.中国历史上的跨流域调水工程[J].南水北调与水利科技,2003(11):5-8.

[8]赵纯厚,朱振宏,周端庄.世界江河与大坝[M].北京:中国水利水电出版社,2000.

[9]左大康,刘昌明.远距离调水——中国南水北调和国际调水经验[M].北京:科学出版社,1983.

[10]查尔斯.W.豪.美国跨流域调水的经济问题[C]//治淮:1985年国际调水会议译文专集,1986:17-25.

[11]陈玉恒.大规模长距离跨流域调水的利弊分析[J].西北水电,2003(2):65-68.

[12]B. R.舍尔玛.巴基斯坦灌溉用水的管理[J].缪晖,等译.水利水电快报,1991(15):6-8.

[13]李运辉,陈献耕,沈艳忱.巴基斯坦西水东调工程[J].水利发展研究,2003,3(1):56-58.

[14]沈佩君,邵东国,郭元裕.国内外跨流域调水工程建设的现状与前景[J].武汉水利电力大学学报,1995,28(5):463-469.

[15]杨立信.澳大利亚雪山工程上游段建筑物的布置特点[J].水利发展研究,2002,2(7):46-48.

[16]秘鲁东水西调工程.http://www.waterinfo.net.en/2002-06-28.

[17]邵东国.跨流域调水工程规划调度决策理论与应用[M].武汉:武汉大学出版社,2001.

[18]聂士忠,王玉泰.最大熵谱分析方法和MATLAB中对短记录资料的谱分析[J].山东师范大学学报:自然科学版,2005,20(3):40-41.

[19]刘建梅,王安志,裴铁,等.杂谷脑河径流趋势及周期变化特征的小波分析[J].北京林业大学学报.2005,27(4):49-53.

[20]冯耀龙,练继建,王宏江.用水资源承载力分析跨流域调水的合理性[J].天津大学学报,2004,37(7):595-599.

[21]刘宁.泛流域的出现及认识[J].水科学进展,2005,16(6):810-816.

[22]高鸿业.西方经济学[M].北京:中国人民大学出版社,2000.

[23]游进军,王忠静,甘泓,等.两阶段补偿式跨流域调水配置算法及应用[J].水利学报2008,39(7):870-876.

[24]刘建林,马斌,解建仓,等.跨流域多水源多目标多工程联合调水仿真模型——南水北调东线工程[J].水土保持学报,2003,17(1):75-79.

[25]王浩,游进军.水资源合理配置研究历程与进展[J].水利学报,2008,39(10):1168-1175.

[26]方崇惠,郭生练,段亚辉.应用分形理论划分洪水分期的两种新途径[J].科学通报,2009,54(11):1613-1617.

[27]陈仁升,康尔泗,张济世.小波变换在河西地区水文和气候周期变化分析中的应用[J].地球科学进

展,2001,16(3):339-344.

[28]赵永龙,丁晶,邓育仁.相空间小波网络模型及其在水文中长期预测中的应用[J].水科学进展,1998,9(3):252-257.

[29]李大卫,王莉,王梦光.遗传算法与禁忌搜索算法的混合[J].Journal of System Engineering,1998(9):28-34.

[30]陈文霞,郑君里,张宇.优劣复取舍遗传算法[J].清华大学学报:自然科学版,2000,40(7):77-80.

[31]解苗苗,王文圣,王红芳.灰色自记忆模型在年径流预测中的应用[J].水电能源科学,2007,25(3):8-11.

[32]金菊良,杨晓华,金保明,等.门限回归模型在年径流预测中的应用[J].冰川冻土,2000,22(3):230-233.

[33]曹鸿兴.动力系统自记忆性原理——预报和计算应用[M].北京:地质出版社,2002.

[34]曹永忠,封国林,曹鸿兴.区域气候预报自记忆模式的研究与计算[J].南京气象学院学报,1999,2(3):387-391.

[35]李荣峰,沈冰,张金凯.作物生育期降雨量预测的灰色自记忆模型[J].武汉大学学报,2005,38(3):19-21.

[36]丁晶,邓育仁.随机水文学[M].成都:成都科技大学出版社,1988.

[37]黄嘉佑.气象统计分析与预报方法[M].北京:气象出版社,2000.

[38]夏军.水问题的复杂性与不确定性研究与进展[M].北京:中国水利水电出版社,2004.

[39]王文,马骏.若干水文预报方法综述[J].水利水电科技进展,2005,251:56-60.

[40]蒋晓辉.自然-人工二元模式下河川径流变化规律和合理描述方法研究[D].西安:西安理工大学,2002.

[41]畅明琦.水资源安全理论与方法研究[D].西安:西安理工大学,2006.

[42]吴新.跨流域调水理论和随机配水模型研究[D].西安:西安理工大学,2006.

[43]刘晓黎.流域水资源实时调控方法和模型研究[D].西安:西安理工大学,2008.

[44]王煜.流域水资源实时调控理论方法和系统实现研究[D].西安:西安理工大学,2006.

[45]Herman Bouwer. Integrated water management: emerging issues and challenges[J]. Agricultural Water Management, 2000, 45(3): 217-228.

[46]Seckler D,Banker R,Amarasinghe U. Water scarcity in the twenty-first century[J]. Water Resources Development,1999,15(1~2):29-42.

[47]Stephen Lonergan,Barb Kavanagh. Climate change,water resources and security in the Middle East[J]. Global Environmental Change,1991,1(4):272-290.

[48]王礼茂,郎一环.中国资源安全研究的进展及问题[J].地理科学进展,2002,(214):333-340.

[49]姜彦福.我国国家经济安全态势考察报告(1999~2000)[R].北京:经济科学出版社,2000,12.

[50]张文木.中国新世纪安全战略研究[M].济南:山东人民出版社,2000.

[51]陈德敏,谢斐.我国资源安全战略内涵属性表征的结构分析[J].中国软科学,2004(6):1-6.

[52]Seckler D, U Amarasinghe, D Molden,et al. World Water Demand and Supply, 1990 to 2025: Scenarios and Issues In: Research Report 19[R]. International Water Management Institute, Colombo, Sri Lanka, 1998.

[53]Alcamo J,T Henrichs,T Roesch. World Water in 2025: Global Modeling and Scenario Analysis for the World Commission on Water for the 21st Century[R]. University of Kassel, Center for Environmental Systems Research,Germany, 1999.

[54]Alaerts G J. Institutions for River Basin Management: The Role of External Support Agencies

(International Donors) in Developing Cooperative Arrangements[J]. Paper presented at the International Workshop on River Basin Management: Best Management Practices, Delft University of Technology-River Basin Administration Centre, 1999.

[55]叶守则,夏军.水文科学研究的世纪回眸与展望[J].水科学进展,2002,13(1):93-104.

[56]夏军.国际水文科学面临的新问题与挑战[R].北京:IAHS 会议专题报告,2003.

[57]郑通汉.论水资源安全与水资源安全预警[J].中国水利,2003(6):19-22.

[58]郭安军,屠梅.水资源安全预警机制探讨[J].生产力研究,2002(1):37-38.

[59]陈绍金.水安全概念辨析[J].中国水利,2004(17):13-15.

[60]陈绍金.水安全系统评价——预警与调控研究[M].北京:中国水利水电出版社,2006.

[61]阮本清,魏传江.首都圈水资源安全保障体系建设[M].北京:科学出版社,2004.

[62]韩宇平,阮本清,解建仓.多层次多目标模糊优选模型在水安全评价中的应用[J].资源科学,2004(4):39-42.

[63]张翔,夏军,贾绍凤.水安全定义及其评价指数的应用[J].资源科学,2003,273:145-148.

[64]卢敏,张洪海,宋天文,等.区域水安全研究理论及方法探析[J].人民黄河,2005,2710:6-8.

[65]贾绍凤,张军岩,张士锋.区域水资源压力指数与水资源安全评价指标体系[J].资源科学,2002,21(6):538-545.

[66]韩宇平,阮本清.区域水资源评价指标体系初步研究[J].环境科学学报,2003,23(2):267-272.

[67]宫少燕,管华,陈沛云.河南省水资源安全度的初步分析[J].河南大学学报:自然科学版,2005,35(1):46-51.

[68]UNESCO/WMO(1988) Water t-Resource Assessment . Activities. Handbook for National Evalution[M].

[69]Sullivan, Caroline. Calculaiing a Water Povery Index [J]. World Development, 2002, 30 (7): 1195-1210.

[70]Nyati H. Evaluation of the microbial quality of water supplies to municipal, mining and squatter communities in the Bindura urban area of Zimbabwe[J]. Water Science and Technology, 2004,50(1): 99-103.

[71]Wilderer P A. Applying sustainable water management concepts in rural and urban areas: some thoughts about reasons, means and needs[J]. Water Science and Technology,2004,49(7): 8-16.

[72]赵建世.基于复杂适应理论的水资源优化配置整体模型研究[D].北京:清华大学,2003.

[73]钱学森,于景元,戴汝为.一个科学新领域——开放的复杂巨系统及其方法论[J].自然杂志,1990,13(1):3-10.

[74]Young G J, J Dooge, J C Rodda. Global water resource issues [M]. New York: Cambridge University Press. 1994.

[75]US Water Resources Council. Economic and environmental principles and guidelines for water and related land resource implementation studies[R]. Washington, D. C.: Government Printing Office. 1983.

[76]OECD (Organization for Economic Cooperation and Development). Management of water projects: Decision-making and investment appraisal[M]. Paris: OECD Publications,1985.

[77]王劲峰,刘昌明,于静洁,等.区际调水时空优化配置理论模型探讨[J].水利学报,2001(4): 7-14.

[78]Molden D, Sakthivadivel A. Water accounting to assess use and productivity of water [J]. Water Resources Develop-ments, 1999, 15(1&2): 55-71.